Mathématiques financières

Dans la même collection

dirigée par Yves SIMON

1. SIMON Yves, *Les marchés dérivés – Origine et développement.*
2. TCHEMENI Emmanuel, *L'évaluation des entreprises.*
3. KŒNIG Gilbert, *Les théories de la firme.*
4. GOGUE Jean-Marie, *Le management de la qualité.*
5. VARTANIAN Jean-Claude, *Le média planning.*
6. SIMON Yves, *Les marchés à terme de taux d'intérêt.*
7. JOFFRE Patrick, *Comprendre la mondialisation de l'entreprise.*
8. GRESSE Carole, *Les entreprises en difficulté.*
9. HERMEL Laurent et QUIOC Jean-Paul, *Le marketing direct.*
10. MOURGUES Nathalie, *Le choix des investissements dans l'entreprise.*
11. PATEYRON Emmanuel-Arnaud, *Le management stratégique de l'information.*
12. MOURGUES Nathalie, *L'évaluation des investissements.*

Mathématiques financières

Edith GINGLINGER
Jean-Marie HASQUENOPH

ECONOMICA
49, rue Héricart, 75015 Paris

NOTATIONS

A_p : annuité ou flux de trésorerie de la période p
d : duration d'une obligation
D_p : terme d'amortissement d'un emprunt de la période p
E : escompte
F_p : montant des intérêts de la période p
g : taux de progression des annuités
I : montant de l'investissement
IP : indice de profitabilité
M : valeur nominale d'une obligation
n : nombre de flux de trésorerie
NP : nue-propriété
P : prix d'émission d'une obligation
p : indice de périodes en temps discret
R : prix de remboursement d'une obligation
r : taux d'intérêt (terme échu)
r' : taux d'intérêt (terme à échoir)
r_p : taux proportionnel
r_k : taux équivalent
S : sensibilité
t : incrément en temps continu
U : usufruit
V_0 : valeur actuelle à la date 0
V_n : valeur acquise à la date n
W : valeur d'un effet après déduction de l'escompte
x : taux actuariel ou taux interne de rentabilité des investissements
z : taux nominal d'un emprunt

AVERTISSEMENTS :

1. Dans tous les exemples numériques, on utilisera le signe = même lorsque la valeur obtenue n'est qu'une valeur approchée.
2. Dans les calculs numériques, le résultat final peut varier sensiblement selon le nombre de décimales conservées dans les calculs intermédiaires.

INTRODUCTION

Les mathématiques financières introduisent la logique et la rigueur mathématiques dans l'étude des opérations financières. Celles-ci sont très présentes dans la vie des entreprises : crédits et placements de trésorerie, emprunts classiques et obligataires, investissements industriels et commerciaux. Mais elles concernent également les particuliers : qui ne s'est jamais demandé quel était le contenu réel de tel produit d'épargne ou comment mesurer le taux effectif du prêt consenti par sa banque ?

L'incertitude et le risque n'apparaissent pas dans cet ouvrage ; l'outil mathématique utilisé est ainsi accessible au plus grand nombre. Il permet néanmoins à un étudiant d'aborder sans difficulté les cours de finance des seconds cycles universitaires et des écoles de commerce.

Les mathématiques financières n'existeraient pas en l'absence de taux d'intérêt : celui-ci, simple ou composé, est présenté dans le premier chapitre. Une opération financière se traduit par une suite de flux monétaires, dont l'appréciation est effectuée à une même date, à l'aide de calculs qui sont présentés dans le second chapitre.

Les deux chapitres suivants sont consacrés à l'étude de deux catégories d'opérations financières particulièrement importantes, les emprunts et les investissements.

Enfin, un dernier développement consacré aux mathématiques financières en temps continu fournit une introduction aux modélisations financières plus complexes.

De nombreux exemples et exercices sont proposés. Ils représentent pour les uns une application directe du cours, pour les autres, son prolongement.

Les annexes ont pour vocation de fournir au lecteur, pour lequel certaines notions mathématiques sont un peu lointaines, un rappel des résultats essentiels utiles pour la compréhension du texte.

CHAPITRE I

Les taux d'intérêt

L'intérêt peut être défini comme la rémunération d'un prêt d'argent. Les justifications de l'intérêt sont les suivantes :

– Un individu qui prête une somme d'argent se prive d'une consommation immédiate, au profit de l'emprunteur. Il est ainsi normal qu'il reçoive en contrepartie une rémunération qui le dédommage de cette privation provisoire ; cette rémunération doit au moins compenser l'érosion monétaire, et donc protéger le pouvoir d'achat sur la période : si le taux d'inflation est de 2 % en 1994, les taux proposés doivent au moins dépasser 2 %.

– Tout prêt comporte un risque de non-remboursement (faillite de l'entreprise emprunteuse, insolvabilité du particulier). Ce risque n'est accepté par le prêteur qu'à la condition de percevoir une rémunération croissante avec la probabilité de non remboursement.

– Si un individu se voit offrir des opportunités de placement à un taux r, il n'acceptera pas de prêter à un taux inférieur à r : on dit que r est son coût d'opportunité (exemple : si l'épargnant a des possibilités de placement dans des Sicav monétaires au taux de 7 %, il n'acceptera pas de prêter son argent à l'Etat ou à des entreprises à un taux inférieur à 7 %, toutes choses égales par ailleurs).

> L'intérêt est une fonction croissante du capital prêté et du temps : il est d'autant plus élevé que le montant prêté est important et que l'argent est prêté pour longtemps. Lorsque l'intérêt s'applique à une seule période, il s'agit d'un *intérêt simple* ; lorsqu'il concerne plusieurs périodes, on parle *d'intérêt composé.*

1. L'INTÉRÊT SIMPLE ET LES OPÉRATIONS FINANCIÈRES À COURT TERME

L'intérêt simple s'applique essentiellement aux opérations à court terme. Nous définirons l'intérêt simple et présenterons ses caractéristiques ainsi que ses principaux domaines d'utilisation.

1.1. L'intérêt simple

1.1.1. Définition

Les intérêts simples sont utilisés lorsque la durée de l'opération est inférieure à un an. Ils sont proportionnels à la durée totale du prêt ou du placement, et sont versés en une seule fois, au début ou à la fin de l'opération.

Soient :

V : le montant du capital (emprunté ou placé)

r : le taux d'intérêt pour une période

n : nombre de périodes

L'intérêt simple s'élève à Vrn.

La somme totale remboursée correspond au capital initial augmenté des intérêts : $V + Vrn = V(1 + rn)$.

Exemple : soit un placement de 50 000 F sur un compte rapportant un intérêt mensuel de 0,8 %, à intérêts simples pendant six mois. Les intérêts à la fin de la période s'élèvent à :

$$Vrn = 50\,000 \times 0{,}008 \times 6 = 2\,400 \text{ F}$$

et la somme figurant sur le compte au terme des six mois est de 52 400 F.

1.1.2. Calcul pratique des intérêts simples

En pratique, le taux d'intérêt annoncé est souvent un taux annuel. Celui-ci prévaut pour une année de 360 jours (forfait) pour les opérations à court terme (marché monétaire, escompte…). Pour les opérations du marché obligataire, et plus généralement les opérations à long terme, on considère l'année civile (365 ou 366 jours). La durée des opérations est par contre toujours déterminée exactement. L'intérêt dû pour les opérations à court terme est ainsi majoré, passant de r à $r\,\frac{365}{360}$.

Exemple : une entreprise a emprunté 100 000 F à sa banque du 15 novembre N au 31 janvier N + 1 au taux annuel de 9 % (année de 360 jours). Quel est l'intérêt dû ?
Le nombre de jours auquel s'applique l'intérêt est de 15 + 31 + 31 = 77 jours. L'intérêt dû est alors : 100 000 x 0,09 x $\frac{77}{360} = 1\,925$.

Remarque : le taux d'intérêt annuel passe de 9 % à 9 % $\frac{365}{360} = 9{,}125\ \%$ en raison du mode de décompte du nombre de jours.

1.1.3. Terme échu/terme à échoir

Selon les modalités du contrat de prêt ou de placement, les intérêts peuvent être versés en début ou en fin de période :

– lorsque les intérêts sont payés en fin de période, on dit qu'ils sont postcomptés ou terme échu ;

– lorsque les intérêts sont payés en début de période, on dit qu'ils sont précomptés ou terme à échoir.

La première solution est plus avantageuse pour l'emprunteur, tandis que le prêteur préfère la seconde, toutes choses égales par ailleurs. Pour un même taux d'intérêt, la seconde solution correspond à un taux effectif supérieur à la première solution.

Exemple : une somme de 50 000 F est placée sur un compte rapportant 0,8 % par mois, pendant une durée de six mois. Nous avons vu plus haut que les intérêts s'élevaient à 2 400 F pour six mois, ce qui correspond à un taux semestriel de 6 x 0,8 % = 4,8 %.
Si les 2 400 F avaient dû être versés dès l'origine, la somme réellement placée n'aurait été que de 50 000 – 2 400 = 47 600 F ; le taux effectif était alors de 5,04 % pour six mois $\left(\text{soit } \frac{50\,000}{47\,600} - 1\right)$.

dates	0 = début	1 = fin
intérêts postcomptés :	– V - - - - - - - - - - - - - - - -	V + intérêts
intérêts précomptés :	– V + intérêts - - - - - - - -	V

Par convention, on appelle taux effectif d'intérêt simple le taux d'intérêt simple terme échu. Si r' est le taux d'intérêt terme à échoir pour une période, il est alors équivalent au taux effectif (terme échu) r pour une période :

$$r = \frac{r'}{1 - r'}$$

Dans l'exemple précédent, r' = 4,8 % et $r = \frac{0,048}{1 - 0,048} = 5,04\ \%$. Ou encore, si le taux est un taux pour une période, et n le nombre de périodes :

$$r = \frac{r'}{1 - r'n}$$

Dans l'exemple précédent, le taux mensuel r' est de 0,8 % précompté, et n = 6 mois :

$$r = \frac{0,008}{1 - 6 \times 0,008} = 0,0084$$

soit pour une période de six mois, en taux proportionnel : 0,0084 x 6 = 0,0504 (taux semestriel précédent).

Démonstration

Dans le cas des intérêts à échoir, la somme réellement à la disposition de l'emprunteur, V', est le capital diminué des intérêts versés à l'origine :

$$V' = V - Vnr' = V(1 - nr').$$

Le taux effectif r est le taux qui, appliqué à V', correspond au même montant d'intérêt que le recours au taux postcompté :

$$rV' = r'V$$

$$r = \frac{r'V}{V'} = \frac{r'V}{V(1 - nr')} = \frac{r'}{1 - nr'}$$

1.2. Les opérations financières à court terme

L'intérêt simple est utilisé pour la plupart des opérations à court terme : sur le marché monétaire, pour les titres de créances négociables, pour les crédits à court terme accordés par les banques, pour l'escompte d'effets de commerce, pour la tenue de comptes courants bancaires ou commerciaux. Nous envisagerons successivement les crédits à court terme traditionnels (escompte, découvert) et les opérations réalisées sur le marché monétaire.

1.2.1. Les crédits à court terme traditionnels

Le taux d'intérêt nominal des crédits à court terme est fondé soit sur le taux de base bancaire (TBB), soit sur un taux du marché monétaire (voir plus loin). Le taux de base bancaire est un instrument de tarification bancaire, qui a un rôle purement interne, et qui correspond au seuil de rentabilité des capitaux engagés par les banques. Le TBB est la référence de la plupart des crédits accordés aux petites entreprises, alors que les grandes entreprises bénéficient du taux du marché monétaire. A ces taux de référence, viennent s'ajouter des majorations catégorielles, liées au risque propre de l'entreprise (de 0 à 4 %) et des majorations spécifiques au type de crédit (par exemple 1,1 % pour l'escompte et 1,55 % pour le découvert).

L'escompte

L'escompte permet de transformer une créance, matérialisée par un effet de commerce, en liquidités : la banque accorde un crédit à court terme sur la base de l'effet, en créditant le compte de l'entreprise du montant de l'effet escompté diminué des agios, précomptés ; on parle dans ce cas d'escompte commercial. Il est de beaucoup le plus employé en France. Une autre technique de calcul est appelée escompte rationnel : l'intérêt s'applique dans ce cas non plus à la valeur nominale de l'effet, mais à sa valeur actuelle, après déduction des intérêts d'escompte.

Soient :

V : la valeur nominale de l'effet ;

r : le taux d'intérêt pour une période ;

n : le nombre de périodes, exprimé en nombre d'années si r est un taux annuel, en nombre de mois si r est un taux mensuel ;

W : la valeur de l'effet, après déduction des intérêts d'escompte E : W = V – E.

L'escompte commercial est : $E_c = Vrn$.

L'escompte rationnel est : $E_r = Wrn = (V - E_r)\, rn$.

Ainsi : $E_r = \dfrac{Vrn}{1 + nr}$

Exemple : un effet de 20 000 F est escompté sur une durée de 60 jours au taux de 7 %. Quelles sont les valeurs de l'escompte commercial et de l'escompte rationnel ? Quel est le taux d'intérêt effectif dans les deux cas ?

L'escompte commercial est : $20\,000 \times 0{,}07 \times \frac{60}{360} = 233{,}33$

L'escompte rationnel est : $$\frac{20\,000 \times 0{,}07 \times \frac{60}{360}}{1 + 0{,}07 \times \frac{60}{360}} = 230{,}64$$

Le taux effectif de l'escompte rationnel est bien de 7 %, dans la mesure où il s'agit d'un intérêt postcompté. Par contre, le taux effectif de l'escompte commercial, qui est un intérêt précompté, est :

$$r = \frac{r'}{1 - r'n} = \frac{0{,}07}{1 - 0{,}07\frac{60}{360}} = 7{,}08\ \%$$

Le découvert

Le recours au découvert, ou avance en compte courant, se traduit par un compte débiteur. La banque accorde un plafond de découvert, négocié annuellement avec l'entreprise. Le grand avantage du découvert est sa souplesse d'utilisation : le crédit s'adapte parfaitement et instantanément aux besoins de la firme.

Le coût du découvert n'est pas affecté par les jours de banque. Il peut être décomposé en trois éléments :

– la commission du plus fort découvert, au taux de 0,05 %, qui s'applique au plus fort solde débiteur mensuel. Pour un trimestre, le montant de cette commission ne peut excéder la moitié des intérêts dus pour cette période ;

– une commission de confirmation, parfois appliquée lorsque le découvert est confirmé par écrit par la banque. Dans ce cas, cette commission est de l'ordre de 1 % du plafond autorisé ;

– les intérêts, résultant de l'application du taux du découvert aux nombres débiteurs. Les nombres débiteurs se trouvent sur les échelles d'intérêt éditées par les banques : il s'agit du produit du solde débiteur du compte bancaire par le nombre de jours pendant lesquels ce solde a été maintenu à un même niveau. Comme pour toutes les opérations à court terme, on considère qu'une année compte 360 jours. Les intérêts sont calculés de la manière suivante :

$$\sum \text{nombres débiteurs} \times \frac{\text{taux annuel du découvert}}{360}$$

Exemple : une entreprise dispose d'un découvert moyen de 200 000 F sur une période d'un trimestre (92 jours), avec un plus fort découvert de 800 000 F. Elle ne paye pas de commission de confirmation. Le taux annuel du découvert est de 10,45 %. Les agios payés sont les suivants :

– les intérêts : $200\,000 \times 92 \times \frac{0{,}1045}{360} = 5\,341$ F

– la commission de plus fort découvert : 800 000 x 0,05 % = 400 F

Soit au total 5 741 F. Ce montant correspond à un taux réel trimestriel de : $\frac{5\,741}{200\,000} = 2{,}87\ \%$ soit en taux proportionnel annuel 11,48 %.

La commission de plus fort découvert renchérit le coût apparent du découvert.

Il est d'usage de réserver l'escompte à des besoins de financement stables et prévisibles, et de recourir au découvert pour les besoins de financement plus aléatoires. En effet, malgré un coût apparent plus faible, l'escompte peut se révéler être un financement plus onéreux que le découvert en raison du risque de surmobilisation (escompte pour des montants plus importants que les besoins réels). Les entreprises visent ainsi une trésorerie zéro, voire négative, pour éviter ce risque et opèrent leurs ajustements de trésorerie à l'aide du découvert.

1.2.2. Les opérations du marché monétaire

Les taux du marché monétaire

On distingue les taux monétaires et les taux PIBOR (Paris Interbank Offered Rate) ou TIOP (Taux Interbancaire Offert à Paris).

• Les taux monétaires sont les suivants :

– Le taux moyen pondéré (TMP) est le taux moyen des opérations à 24 heures pondéré par le volume des transactions. Il est calculé par la Banque de France.

– Le taux moyen mensuel du marché monétaire (T4M) correspond au TMP moyen sur un mois donné.

– Le taux annuel monétaire (TAM) est une moyenne sur douze mois du T4M (année de 360 jours).

• Calculé chaque jour par l'Association Française des Banques, le taux Pibor correspond à la moyenne arithmétique des taux offerts à leurs clients par un ensemble d'établissements de référence (après élimination des extrêmes), pour toutes les échéances de un à douze mois (année de 365 jours). Ce taux sert au calcul des indices P1C (Pibor un mois), P3C (Pibor trois mois) et P3R (pour les instruments à taux révisables). L'échéance la plus importante est le Pibor 3 mois, support de contrats à terme et d'options.

Les titres du marché monétaire

Le marché monétaire est depuis 1985 composé de deux segments :

– le marché interbancaire réservé aux banques et à quelques intermédiaires financiers ;

– le marché des titres de créances négociables ouvert au Trésor public, aux banques et établissements financiers, ainsi qu'aux entreprises industrielles et commerciales. On y trouve : les billets de trésorerie, les certificats de dépôt, les bons des sociétés financières (BSF), les bons des institutions financières spécialisées (BIFS), et les bons du Trésor négociables. Ces titres ont tous un montant unitaire minimal d'un million de francs.

Exemple : les bons émis par le trésor sont de deux types :
– les bons à taux fixe et intérêts précomptés (BTF) d'une durée maximale de 52 semaines (en pratique 13,26, et 52 semaines) ; l'année compte 360 jours ;
– les bons à taux annuel normalisé (BTAN) d'une durée comprise entre 2 et 5 ans. Les intérêts sont postcomptés et payables annuellement.
Un trésorier souhaite acquérir un BTF 26 semaines adjugé à l'émission au taux de 6 %, pour un nominal de 5 millions de francs. Quel est le taux postcompté correspondant ? Quel est le montant du décaissement ?
La durée à considérer est 26 x 7 = 182 jours.
Le taux postcompté r est :

$$r = \frac{r'}{1 - nr'} = 6,19\%$$

où n est la durée en année, c'est-à-dire dans l'exemple 182/360.

Le prix à payer par le trésorier est alors de :

$$V = \frac{N}{1 - nr} \text{ où N est le nominal du BTF.}$$

c'est-à-dire :

$$V = \frac{5\,000\,000}{1 + \frac{182}{360} 0{,}0619} = 4\,848\,278 \text{ F}$$

2. INTÉRÊT COMPOSÉ, ACTUALISATION ET TAUX ÉQUIVALENT

> Lorsque la durée d'un emprunt ou d'un placement dépasse un an, l'intérêt est le plus fréquemment payé périodiquement, à terme échu. Dans ce cas, l'intérêt perçu par le créancier à chaque période peut être placé pendant la durée restante de l'opération, et porte ainsi lui-même intérêt : on dit que l'intérêt est capitalisé, c'est-à-dire qu'il est ajouté au capital et qu'il produit intérêt.

Les mathématiques financières élémentaires, seules présentées dans cet ouvrage, font deux hypothèses :

– le taux d'intérêt reste constant durant toute la durée de l'opération d'emprunt ou de placement : on suppose en effet que les intérêts perçus tout au long de la vie de l'opération pourront être replacés au taux initial ;

– le taux d'intérêt est le même quelle que soit l'échéance de l'opération : un montant placé pour dix ans l'est au même taux annuel qu'une somme placée pour un an. Ceci correspond à l'hypothèse d'une structure des taux plate : les taux sont les mêmes quel que soit l'horizon considéré.

D'autres hypothèses peuvent être envisagées ; mais elles conduisent à des développements mathématiques beaucoup plus complexes [1].

1. Voir notamment Poncet, Portait et Hayat [1993].

2.1. Présentation des intérêts composés

Un investisseur place un capital V_0 au taux périodique r (terme échu) pendant n périodes. A la fin de la première année, il détient :

– le capital placé : V_0

– le montant des intérêts perçus pour une période : $V_0 r$, soit au total : $V_0 + V_0 r = V_0 (1 + r)$

De façon plus générale, notons V_n le capital acquis à la fin de la nième période, égal à la somme de ce capital et des intérêts composés sur la période :

$$V_n = V_{n-1} + V_{n-1} r = V_{n-1} (1 + r)$$

La suite (V_n) des capitaux est une suite géométrique de raison (1 + r) (annexe B3), et on en déduit :

> Un capital V_0 placé au taux d'intérêt composé r pour une période devient au bout de n périodes, un capital V_n tel que :
>
> $$V_n = V_0 (1 + r)^n$$
>
> V_n est appelé valeur acquise par un capital V_0 placé au taux r pendant n périodes.

La valeur acquise, qui correspond à une opération de capitalisation, permet de répondre à des questions du type :

– Si je place 1 000 aujourd'hui, combien aurai-je dans 10 ans ?

– Si j'emprunte 3 000 aujourd'hui, combien devrai-je rembourser dans deux ans ?

Note : les intérêts peuvent être capitalisés annuellement, semestriellement, trimestriellement, mensuellement. Il faut cependant veiller à la correspondance entre l'unité d'expression du taux r et le nombre de périodes n : taux annuel – nombre d'années, taux mensuel – nombre de mois.

L'intérêt total perçu par l'investisseur au bout de n périodes est :

$$V_n - V_0 = V_0 [(1 + r)^n - 1]$$

2.2. La notion de valeur actuelle

On appelle valeur actuelle la somme V_0 qu'il faut placer pendant n périodes au taux d'intérêt périodique composé r pour obtenir le capital V_n :

$$V_0 = V_n (1 + r)^{-n}$$

La valeur actuelle est la valeur aujourd'hui d'un capital qui ne sera disponible que dans n périodes. C'est une opération d'actualisation. Elle permet de répondre à des questions du type :

– Combien faut-il épargner aujourd'hui pour détenir 200 000 F dans dix ans ?

– Combien peut-on emprunter aujourd'hui en remboursant 20 000 F dans deux ans ?

Exemples :

• Quelle est la valeur acquise par un capital de 50 000 F dans six ans, pour un taux annuel de 8 % et une capitalisation annuelle ? $V_6 = 50\,000\,(1{,}08)^6 = 79\,344$ F

• Quelle est la valeur actuelle d'un capital de 100 000 dans cinq ans, pour un taux de 9 %, avec capitalisation annuelle ? $V_0 = 100\,000\,(1{,}09)^{-5} = 64\,993$

2.3. Taux proportionnel et taux équivalent

Les taux d'intérêt sont fréquemment exprimés annuellement. Lorsque l'on considère une période inférieure à l'année, le taux d'intérêt prévalant pour cette période devra être calculé. On distingue le taux proportionnel et le taux équivalent.

Si le taux pour une période est r, et si la période est divisée en k sous-périodes, le taux proportionnel r_p pour une sous-période est défini par :

$$r_p = \frac{r}{k}$$

Pour un taux annuel de 12 %, le taux proportionnel mensuel est de 1 %, le taux proportionnel semestriel de 6 %.

Si le taux pour une période est r et si la période est divisée en k sous-périodes, le taux équivalent r_k pour une sous-période est le taux qui conduit à la même valeur acquise à la fin de la période. Il est défini par :

$$r_k = (1 + r)^{1/k} - 1$$

Démonstration

Le taux périodique r conduit à la fin de la période à un capital acquis de V (1 + r). Le taux r_k, pour une période k fois inférieure, amène : $V(1 + r_k)^k$.

Les deux taux r et r_k ne sont équivalents qu'à condition d'aboutir à la même valeur acquise :

$V(1 + r) = V(1 + r_k)^k$ c'est-à-dire encore :

$$(1 + r) = (1 + r_k)^k \text{ et donc : } r_k = (1 + r)^{1/k} - 1$$

Exemples :

• Le taux annuel est de 12 %. Le taux équivalent semestriel est : $r_2 = (1,12)^{1/2} - 1 = 5,83\ \%$ (au lieu de 6 % en taux proportionnel).

• Le taux mensuel qui vous est proposé par une banque est de 1 %. Quel est le taux annuel équivalent ?

$$(1 + r) = (1 + r_k)^k$$

d'où $r = (1 + r_k)^k - 1$

$r = (1,01)^{12} - 1 = 12,68\ \%$

Note : le taux équivalent est toujours inférieur au taux proportionnel. En effet, d'après l'inégalité de Bernouilli (Annexe B1), on a :

$$(1 + r) = (1 + r_k)^k \geq 1 + kr_k$$

d'où $r \geq kr_k$ et donc $r_p = \frac{r}{k} \geq r_k$

EXERCICES

Enoncé

1.a. Une somme de 200 000 F est placée sur un compte pendant 8 mois (intérêts simples). Le taux mensuel est de 0,6 %. Quel est le montant figurant sur le compte au bout des 8 mois ?

b. Une personne verse 55 000 F sur un compte ; 90 jours plus tard, elle possède 56 100 F. Quel est le taux d'intérêt versé ?

c. Que conseilleriez-vous à un investisseur amené à choisir entre deux types de placements pour une période d'un an :

– le premier placement propose un taux d'intérêt simple de 7 % (terme échu) ;

– le second placement offre un taux d'intérêt précompté de 6,5 %.

Corrigé

a. Les intérêts à la fin de la période s'élèvent à 200 000 x 0,006 x 8 = 9 600 F. Il y aura 209 600 F sur le compte.

b. Le taux d'intérêt à court terme est simple ; par convention, on considère que l'année bancaire comporte 360 jours ; ainsi, on aura :

$$55\,000\left(1+r\frac{90}{360}\right)=56\,100$$

d'où : $r=\dfrac{(56\,100-55\,000)\times\dfrac{360}{90}}{55\,000}=8\ \%$

c. Le taux effectif simple (postcompté) r qui correspond au taux précompté r' de 6,5 % est : $r=\dfrac{r'}{1-nr'}=\dfrac{0,065}{1-0,065}=6,95\ \%$

(le nombre de périodes n est égal à 1).
Il vaut ainsi mieux opter pour le premier placement.

Enoncé

2. Une entreprise escompte un effet de 500 000 F 90 jours avant son échéance. Le taux de l'escompte est de 9 %.

a. Calculez l'escompte commercial, la somme que l'entreprise aurait reçue, ainsi que le taux d'intérêt effectif dans ce cas.

b. Calculez l'escompte rationnel.

c. Une banque concurrente propose d'escompter cet effet pour un montant de 10 900 F. Quel est le taux correspondant s'il s'agit d'escompte commercial ? d'escompte rationnel ?

Corrigé

a. L'escompte commercial est : $500\,000 \times 0{,}09 \dfrac{90}{360} = 11\,250$

L'entreprise recevra : 500 000 – 11 250 = 488 750

Le taux effectif correspondant est : $r = \dfrac{0{,}09}{1 - 0{,}09\dfrac{90}{360}} = 9{,}21\ \%$

b. L'escompte rationnel est : $\dfrac{500\,000 \times 0{,}09 \times \dfrac{90}{360}}{1 + 0{,}09 \times \dfrac{90}{360}} = 11\,002$

Le taux effectif dans le cas de l'escompte rationnel est de 9 %.

c. L'escompte commercial est : $E_c = Vrn$

d'où : $r = \dfrac{E_c}{Vn} = \dfrac{10\,900}{500\,000 \times (90/360)} = 8{,}72\ \%$

l'escompte rationnel est : $E_r = (V - E_r)\ rn$.

Ainsi : $r = \dfrac{E_r}{(V - E_r)n} = \dfrac{10\,900}{(500\,000 - 10\,900)(90/360)} = 8{,}91\ \%$

Enoncé

3.a. Quelle sera la valeur acquise au bout de 4 ans d'une somme de 100 000 F placée au taux de 6 %, avec une capitalisation annuelle ?

b. Au bout de combien d'années l'investisseur aura-t-il doublé son montant initial ?

c. Quel devrait être le taux d'intérêt pour que la valeur acquise ait doublé au bout de 10 ans ?

d. Un établissement financier vous propose de placer 200 000 F au taux de 6 % pendant 2 ans, puis 8 % pendant 3 ans.

– Quelle est la somme acquise à la fin des deux premières années, puis au bout des cinq ans ?

– Quel est, sur la période de cinq ans, le taux moyen annuel du placement ?

Corrigé

a. La valeur acquise est : $V_n = V_0 (1 + r)^n$ c'est-à-dire :

$$V_n = 100\,000\,(1{,}06)^4 = 126\,247{,}7$$

b. On recherche le nombre d'années n tel que : $2\,V_0 = V_0\,(1{,}06)^n$ c'est-à-dire : $(1{,}06)^n = 2$; d'où $n = \frac{\ln(2)}{\ln(1{,}06)} = 11{,}9$ années (voir annexe C1).

c. On recherche le taux r tel que : $100\,000\,(1 + r)^{10} = 200\,000$
$(1 + r)^{10} = 2$ d'où $r = 2^{1/10} - 1 = 7{,}18\ \%$.

d. La valeur acquise au bout de deux ans est : $V_2 = 200\,000\,(1{,}06)^2 = 224\,720$. A la fin des cinq ans, elle est :

$$V_5 = 200000\,(1{,}06)^2\,(1{,}08)^3 = 224720 \times (1{,}08)^3 = 283\,082$$

Le taux moyen sur cinq ans est r tel que : $200\,000\,(1 + r)^5 = 283\,082$, soit $r = 7{,}20\ \%$.

Enoncé

4.a. Quelle est la valeur actuelle d'un capital de 400 000 F dans trois ans ; le taux d'intérêt est de 10 %, et la capitalisation est annuelle.

b. Un investisseur doit choisir entre deux types de contrats pour un versement initial de 100 000 F :

– percevoir 150 000 F dans 4 ans ;

– percevoir 165 000 F dans 5 ans.

Quelle solution doit-il retenir ?

Corrigé

a. La valeur actuelle est : $V_0 = V_n (1 + r)^{-n}$
Ainsi : $V_0 = 400\,000\,(1{,}1)^{-3} = 300\,526$ F.

b. Il s'agit de comparer les taux d'intérêt offerts par les deux placements. Dans les deux cas, la valeur actuelle est de 100 000 F.

$$V_0 = V_n\,(1 + r)^{-n}$$

pour le premier contrat : $100\,000 = 150\,000\,(1 + r)^{-n}$

$$(1 + r)^{-4} = 0{,}6667 \text{ soit } r = 10{,}67\ \%$$

pour le second contrat : $100\,000 = 165\,000\,(1 + r)^{-n}$

$$(1 + r)^{-5} = 0{,}6061 \text{ soit } r = 10{,}53\ \%$$

c'est donc le premier contrat qui est le plus intéressant.

Enoncé

5.a. Quels sont les taux mensuels proportionnel et équivalent au taux annuel de 9,75 % ?

b. Un capital de 300 000 F rapporte des intérêts semestriels de 12 000 F. Quel est le taux annuel équivalent de ce placement ?

c. Un capital de 200 000 F est placé au taux annuel de 7 %. Quel est le montant des intérêts trimestriels versés (taux équivalent) ?

d. Une banque annonce qu'elle pratique un taux annuel de 9 % pour ses prêts immobiliers. En réalité, les intérêts sont versés mensuellement au taux proportionnel. Quel est le taux annuel équivalent ?

Corrigé

a. Le taux proportionnel est $r_p = \frac{r}{k} = \frac{0{,}0975}{12} = 0{,}8125\ \%$

Le taux équivalent est $r_k = (1 + r)^{1/k} - 1 = (1{,}0975)^{1/12} - 1 = 0{,}7783\ \%$.

Le taux équivalent est inférieur au taux proportionnel.

b. Le taux semestriel de ce placement est $\frac{12\,000}{300\,000} = 4\ \%$

Le taux annuel équivalent à un taux semestriel de 4 % est : $r = (1 + r_k)^2 - 1 = 8{,}16\ \%$.

c. Le taux trimestriel équivalent est :

$$r_k = (1 + r)^{1/k} - 1 = (1{,}07)^{1/4} - 1 = 1{,}706\ \%$$

Les intérêts versés sont égaux à : $200\,000 \times 0{,}01706 = 3\,412$ F

d. Le taux proportionnel mensuel est : $\frac{0{,}09}{12} = 0{,}75\ \%$

Le taux annuel équivalent est : $r = (1{,}0075)^{12} - 1 = 9{,}38\ \%$.

Ce taux est bien entendu supérieur à celui qui était annoncé.

CHAPITRE II

Les annuités

Nous allons dans ce chapitre passer en revue les principaux outils qui sont utilisés pour apprécier des versements successifs dans le cadre des intérêts composés. Après quelques définitions, nous aborderons les notions de valeurs actuelles et de valeurs acquises d'une suite d'annuités, et de taux actuariel.

1. QUELQUES DÉFINITIONS

Une suite d'annuités est une suite de règlements réalisés à intervalles de temps égaux. Le terme d'annuités, bien que parfois utilisé quelle que soit la périodicité des versements, est habituellement réservé à des périodicités annuelles. Lorsque la période est différente de l'année, le terme “annuités” est remplacé par semestrialités, trimestrialités, mensualités. On emploie également le terme de flux de trésorerie (quelle que soit la périodicité cette fois) : les entrées de fonds sont représentées par des flux positifs et les sorties de fonds par des flux négatifs.

Cette suite d'annuités représente une rente pour celui qui en bénéficie. La rente est temporaire lorsqu'elle se compose d'un nombre fini d'annuités ; elle est perpétuelle lorsque le nombre des termes est infini.

La rente est certaine lorsque le nombre des annuités est déterminé à l'origine. Elle est aléatoire lorsque l'on ignore au départ le nombre des annuités (exemple des rentes viagères, ou des assurances décès, pour lesquelles les versements sont interrompus par un événement imprévisible). Seules les rentes certaines sont étudiées dans cet ouvrage. Les rentes aléatoires font appel aux probabilités d'occurrence de l'événement concerné et sortent du champ strict des mathématiques financières classiques.

La rente est à terme échu si le premier versement intervient une période après l'origine : c'est le cas habituel. Elle est immédiate si le premier versement intervient dès l'origine. Elle est différée lorsque le premier versement intervient plus d'une période après l'origine.

Exemples de suites de flux financiers (ou rentes) :
– un emprunt remboursé par des mensualités constantes sur 10 ans ;
– la constitution d'un capital par des versements réguliers ;
– l'acquisition d'une obligation d'une durée de vie de 6 ans qui verse des coupons annuels (rente temporaire) ou d'une action qui verse des dividendes à l'infini (rente perpétuelle).

Pour procéder à des calculs sur une rente, il faut en connaître les caractéristiques suivantes :
– la valeur de chaque flux de trésorerie (ou son mode de calcul),
– le nombre de flux de trésorerie,
– la périodicité des versements,
– le nombre de périodes entre l'origine et le premier versement.

Les flux de trésorerie peuvent être égaux entre eux (flux constants) ou différents (flux variables).

2. VALEURS ACQUISES ET VALEURS ACTUELLES D'UNE SUITE DE FLUX FINANCIERS

Les mécanismes de calcul des valeurs acquises et des valeurs actuelles ne sont guère différents : dans un cas, c'est la valeur de la suite d'annuités à la fin des versements, dans l'autre c'est sa valeur à l'origine.

```
dates       0          1          2   ...         ...   n
------------I----------I----------I---------------------I---------
   valeur actuelle                             valeur acquise
```

2.1. Valeur acquise d'une suite de flux financiers

2.1.1. Annuités quelconques

La valeur acquise par une suite de n versements (flux de trésorerie) est la somme des valeurs acquises par chacun des termes de la suite à la date du dernier versement.

Soient :

V_n : la valeur acquise

A_p : l'annuité (ou flux de trésorerie) à la date p

n : le nombre total de flux

r : le taux d'intérêt (intérêt composé)

Le diagramme suivant présente la suite des flux de trésorerie :

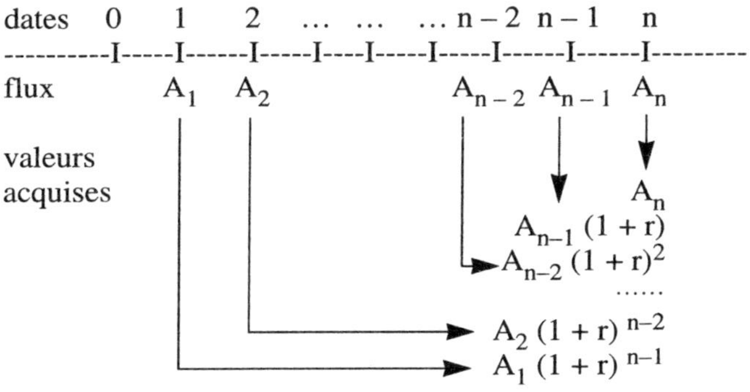

La valeur acquise par cette suite est :

$$V_n = [A_1(1+r)^{n-1} + A_2(1+r)^{n-2} + A_3(1+r)^{n-3} + A_4(1+r)^{n-4} + \ldots\ldots + A_{n-2}(1+r)^2 + A_{n-1}(1+r) + A_n]$$

La valeur acquise par une suite de n flux de trésorerie A_p au taux d'intérêt r est :

$$V_n = \sum_{p=1}^{n} A_p(1+r)^{n-p}$$

2.1.2. Annuités égales

Dans certains cas, les annuités sont toutes égales entre elles ; exemples : obligation à taux fixe, dont tous les coupons sont égaux, ou remboursement d'un emprunt par annuités constantes.

Lorsque tous les termes de la suite sont égaux, la valeur acquise peut encore s'écrire :

$$V_n = A\,[(1+r)^{n-1} + (1+r)^{n-2} + (1+r)^{n-3} + (1+r)^{n-4} + \ldots\ldots + (1+r)^2 + (1+r) + 1]$$

Il s'agit alors de la somme des termes d'une suite en progression géométrique de premier terme A et de raison (1 + r), dont l'expression se simplifie aisément (voir annexe B3) :

> La valeur acquise par n flux de trésorerie égaux à A, au taux d'intérêt r, est :
>
> $$V_n = A\left(\frac{(1+r)^n - 1}{r}\right) \qquad (2.1.)$$

N.B. Cette expression est tabulée dans les tables financières (voir annexe A).

Exemple : un particulier souhaite se constituer un apport en vue d'acquérir une voiture. Il verse 1 000 F par mois pendant trois ans. Le taux est de 7 %. Quel est le capital acquis à la fin des trois ans ?
Il s'agit d'une suite composée de 36 mensualités constantes. Le taux mensuel équivalent à un taux annuel de 7 % est (voir chapitre I) : $r' = (1+r)^{1/12} - 1 = 0{,}5654\ \%$
Ainsi, le capital acquis sera :

$$V_{36} = 1\,000\left(\frac{(1{,}005654)^{36} - 1}{0{,}005654}\right) = 39\,801$$

2.1.3. Calculs à partir des valeurs acquises

Calcul de l'annuité

> L'équation (2.1.) conduit à déterminer le flux de trésorerie A permettant de constituer un capital V_n au bout de n versements pour un taux r :
>
> $$A = V_n\left(\frac{r}{(1+r)^n - 1}\right)$$

Exemple : combien dois-je épargner chaque année pour disposer d'un capital de 300 000 F dans cinq ans, avec un taux d'intérêt annuel de 7,5 % ?

$$A = 300\,000\left(\frac{0{,}075}{(1{,}075)^5 - 1}\right) = 51\,649$$

Calcul du nombre de versements

Enfin, toujours dans le cas où les annuités sont constantes, l'équation 2.1. permet de déterminer le nombre de versements à opérer pour se constituer un capital souhaité.

$$\frac{V_n}{A} = \left(\frac{(1+r)^n - 1}{r}\right)$$

$$(1+r)^n - 1 = \frac{rV_n}{A}$$

d'où :

$$(1+r)^n = 1 + \frac{rV_n}{A}$$

$$n\ ln(1+r) = ln\left(1 + \frac{rV_n}{A}\right)$$

(voir annexe C1 pour l'utilisation des fonctions logarithmiques).

> Le nombre de flux de trésorerie A nécessaires pour constituer un capital V_n pour un taux d'intérêt r est :
>
> $$n = \frac{ln\left(1 + \frac{rV_n}{A}\right)}{ln(1+r)} \qquad (2.2.)$$

Exemple : combien d'annuités de 40 000 F faut-il verser pour se constituer un capital de 300 000 F au taux de 6,5 % ?
Le calcul de l'expression 2.2. nous donne 6,3 versements, c'est-à-dire six versements dont un versement supérieur à 40 000 F, ou six versements complets et un versement partiel.

Valeur acquise par la suite, exprimée après le dernier versement

Dans certains cas, les versements sont stoppés, mais le capital acquis continue de porter intérêt. Quelle est alors la valeur de la suite de flux, exprimée m périodes après le dernier versement ?

```
dates      0          1          2  ...   ...   n ...... n + m
----  ------I----------I----------I---------------I----------I------
           V0                                   Vn         Vn + m
```

Le capital acquis à la fin des versements porte intérêt au taux r pendant m périodes. La valeur de la suite à la date n + m est :

$$V_{n+m} = V_n\,(1 + r)^m$$

2.2. Valeur actuelle d'une suite de flux financiers

Dans le cas général, les flux successifs sont différents ; dans certains cas particuliers, les flux sont tous égaux.

2.2.1. Annuités quelconques

La valeur actuelle V_0 d'une suite de flux de fonds est égale à la somme des valeurs actuelles de chacun des termes à l'origine de la suite. C'est la valeur aujourd'hui des versements à percevoir dans le futur ; elle correspond à une estimation du prix qu'il faut être prêt à payer aujourd'hui pour avoir droit aux sommes futures A_p lorsque le taux d'intérêt est r.

dates 0 1 2 … … …… … n – 1 n

---------I----I-----I-----I-----I-----I------I------I-----I----------

flux A_1 A_2 A_{n-1} A_n

valeurs actuelles en 0 :

$A_1\,(1 + r)^{-1}$

$A_2\,(1 + r)^{-2}$

……

$A_{n-1}\,(1 + r)^{-(n-1)}$

$A_n\,(1 + r)^{-n}$

d'où :

$$V_0 = [A_1(1 + r)^{-1} + A_2(1 + r)^{-2} + A_3(1 + r)^{-3} + A_4(1 + r)^{-4} + \ldots + A_{n-2}(1 + r)^{-(n-2)} + A_{n-1}(1 + r)^{-(n-1)} + A_n(1 + r)^{-n}]$$

La valeur actuelle d'une suite de n flux de trésorerie A_p pour un taux d'intérêt r est :

$$V_0 = \sum_{p=1}^{n} A_p(1+r)^{-p} \qquad (2.3.)$$

On parlera de valeur actuelle nette en présence d'un flux négatif à l'origine de la suite, en date 0 :

$$VAN_0 = A_0 + \sum_{p=1}^{n} A_p(1+r)^{-p} \qquad \text{où } A_0 < 0$$

La valeur actuelle nette est plus particulièrement utile pour l'appréciation des investissements industriels (voir chapitre IV).

Relation entre valeur acquise et valeur actuelle

En multipliant la relation (2.3.) par $(1 + r)^n$, on obtient :

$$(1+r)^n\ V_0 = \sum_{p=1}^{n} A_p(1+r)^{n-p} = V_n$$

La valeur actuelle et la valeur acquise sont liées par la relation suivante :

$$V_0 = \frac{V_n}{(1+r)^n} \qquad (2.4.)$$

2.2.2. Annuités égales

Lorsque les flux sont tous égaux, l'expression (2.3.) se simplifie facilement en reportant la valeur de V_n obtenue en (2.1.) dans l'expression (2.4.) de V_0 :

La valeur actuelle d'une suite de n flux de trésorerie égaux à A, pour un taux d'intérêt r, est :

$$V_0 = A\left(\frac{1-(1+r)^{-n}}{r}\right) \qquad (2.5.)$$

N.B. Cette expression est, comme celle de la valeur acquise, donnée dans les tables financières.

Lorsque les annuités interviennent en début de période (on parle dans ce cas de "terme à échoir" et le premier versement correspond à la date 0, origine de la suite), la valeur actuelle d'une suite de n flux de trésorerie tous égaux à A est :

$$V_0 = A(1+r)\left(\frac{1-(1+r)^{-n}}{r}\right)$$

Cette situation est cependant beaucoup moins fréquente que la précédente.

Exemple : un particulier se demande quelle somme il pourrait emprunter sur une durée de 15 ans sachant que sa capacité de remboursement annuelle est de 60 000 F et que les taux proposés par son banquier sont de 8 %.
Il s'agit ici de déterminer la valeur actuelle de 15 remboursements de 60 000 F au taux de 8 % ; d'après la relation 2.4. :

$$V_0 = 60\ 000\left(\frac{1-(1{,}08)^{-15}}{0{,}08}\right) = 60\ 000 \times 8{,}5595 = 513\ 569 \text{ F}$$

2.2.3. Etude de l'évolution de la valeur actuelle avec les variables r et n

La valeur actuelle fonction du nombre n de périodes

Considérons V_0 en fonction de n :

$$V_0(n) = \frac{A}{r}\left(1 - \frac{1}{(1+r)^n}\right)$$

La fonction $n \to \frac{1}{(1+r)^n}$ étant décroissante, V_0 est une fonction croissante de n.

De plus $V_0 \leq \frac{A}{r}$ pour tout n et $\lim_{n\to\infty} V_0(n) = \frac{A}{r}$

L'allure de la courbe de la fonction $n \to V_0(n)$ est donnée par le graphique 2.1. :

GRAPHIQUE 2.1.

Valeur actuelle en fonction du nombre de périodes pour différentes valeurs du taux

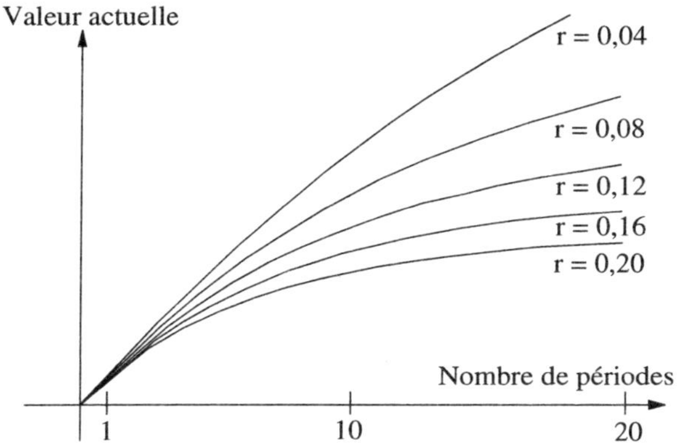

Il apparaît clairement que l'augmentation du nombre de périodes au delà d'une certaine valeur n_0 qui dépend de r, n'apportera pas d'augmentation significative de la valeur actuelle.

La valeur actuelle d'une rente perpétuelle

La valeur actuelle d'une rente perpétuelle s'obtient en recherchant la limite lorsque le nombre de termes n tend vers l'infini de la valeur actuelle d'une rente temporaire.

Nous avons vu que $\lim\limits_{n \to \infty} V_0(n) = \dfrac{A}{r}$.

Ainsi la valeur actuelle d'une rente perpétuelle est :

$$V_0 = \frac{A}{r}$$

Exemple : une rente perpétuelle offrant 10 000 francs par an vaut, lorsque le taux d'intérêt est de 8 %, 125 000 F (voir également l'exercice 5 à la fin du chapitre).

2.2.4. Annuité constante équivalente à une séquence de flux quelconques

Une séquence de flux A_1, A_2, A_3, ... , A_n est équivalente à une séquence de n flux identiques A si sa valeur actuelle est identique, c'est-à-dire :

$$V_0 = \sum_{p=1}^{n} A_p (1+r)^{-p} = A\left(\frac{1-(1+r)^{-n}}{r}\right)$$

> L'annuité constante A équivalente à la séquence de flux A_1, A_2, A_3, ... , A_n pour un taux d'intérêt r est :
>
> $$A = \left(\frac{r}{1-(1+r)^{-n}}\right) \sum_{p=1}^{n} A_p (1+r)^{-p}$$

Cette relation est notamment utile lorsque l'on souhaite remplacer plusieurs dettes par une dette unique équivalente.

3. LE TAUX ACTUARIEL

La détermination des valeurs acquises et des valeurs actuelles repose sur le choix d'un taux d'intérêt r : les valeurs acquises et actuelles varient avec le taux d'intérêt. Le taux actuariel permet une appréciation différente de la rentabilité d'une séquence de flux de fonds.

3.1. Définitions

> Le taux actuariel d'une suite de flux est le taux x tel que la valeur actuelle des flux positifs soit égale à la valeur actuelle des flux négatifs, ou encore telle que la valeur actuelle nette (définie plus haut) soit égale à zéro :
>
> $$VAN_0 = A_0 + \sum_{p=1}^{n} A_p (1+x)^{-p} = 0 \quad \text{où} \quad A_0 < 0$$

Le taux actuariel permet à une date donnée de comparer plusieurs placements ou emprunts. On parle de taux actuariel brut lorsque les flux sont déterminés avant impôt, et de taux actuariel net lorsque les flux sont nets d'impôts. Dans le cas des investissements industriels, le taux actuariel est appelé taux interne de rentabilité.

La détermination du taux actuariel repose sur l'hypothèse que les flux intermédiaires puissent être réinvestis au taux actuariel : dans certains cas, cette hypothèse est difficilement acceptable.

Dans les cas les plus fréquents, dans lesquels une séquence de flux positifs suit un flux négatif, il y a au plus un taux actuariel. Dans les séquences de flux complexes, dans lesquels il y a succession de flux négatifs et positifs, il peut y avoir plusieurs taux qui annulent la valeur actuelle nette de la suite des flux. L'interprétation de ces taux est alors extrêmement délicate.

3.2. Modes de calcul du taux actuariel

Le taux actuariel est la solution de l'équation : $A_0 + \sum_{p=1}^{n} A_p(1+x)^{-p} = 0$. La résolution de cette équation ne peut pas s'obtenir à l'aide d'une formule algébrique directe ; elle nécessite le plus souvent plusieurs itérations successives, encadrant de plus en plus près la solution, lorsqu'elle existe. Plusieurs méthodes de calcul sont possibles ; nous allons en présenter quelques-unes (voir annexe D pour une présentation plus complète de ces méthodes).

3.2.1. Les annuités sont constantes

Exemple : une banque vous propose de vous prêter 400 000 F sur 5 ans avec un remboursement annuel de 102 600 F. Intéressé par la proposition, vous vous demandez néanmoins quel est le taux correspondant à cette offre.
Le taux recherché est le taux actuariel x tel que :

$$-400\,000 + 102\,600\left(\frac{1-(1+x)^{-5}}{x}\right) = 0$$

c'est-à-dire :

$$\left(\frac{1-(1+x)^{-5}}{x}\right) = 3{,}8986355$$

Outre le recours à une calculatrice financière, l'appel aux tables financières (annexe A) est ici possible. On lit ainsi, sur la ligne 5 (nombre de versements) :

$$\text{pour } 8,75\ \% \left(\frac{1-(1+x)^{-5}}{x} \right) = 3,9150139$$

$$\text{pour } 9\ \% \left(\frac{1-(1+x)^{-5}}{x} \right) = 3,8896513$$

Le taux recherché se situe ainsi entre 8,75 et 9 %. Il suffit ensuite de procéder à une interpolation linéaire pour aboutir à la solution (voir annexe D) :

$$\frac{x-0,0875}{0,09-0,0875} = \frac{3,8986355-3,9150139}{3,8896513-3,9150139}$$

d'où :

$$x = 0,0875 + 0,0025 \times \frac{3,8986355-3,9150139}{3,8896513-3,9150139} = 8,9114\ \%$$

La réponse indiquée par une calculatrice financière est 8,9111 % : l'approximation à l'aide des tables financières est ainsi très bonne.

3.2.2. *Les annuités sont quelconques*

Dans ce cas, les tables financières ne sont plus d'aucune utilité. Le recours à l'interpolation linéaire reste possible, mais plus délicat. A défaut d'une calculatrice permettant de résoudre directement ce type d'équation, on aura recours à une méthode d'approximations successives.

Un investisseur envisage de placer 100 000 F, et on lui propose les revenus annuels suivants :
année 1 : 20 000 ; année 2 : 30 000 ; année 3 : 40 000 ; année 4 : 38 000 ; il s'interroge sur le taux de rentabilité proposé par ce placement.
Il s'agit de calculer le taux actuariel x tel que :

$$-\ 100\,000 + 20\,000\,(1+x)^{-1} + 30\,000\,(1+x)^{-2} + 40\,000\,(1+x)^{-3} + 38\,000\,(1+x)^{-4} = 0 \quad (2.6.)$$

En posant X = 1 + x et en multipliant (2.6.) par $\frac{X^4}{10\,000}$, on est ramené à résoudre l'équation f (X) = 0 avec :

$$f(X) = -10\,X^4 + 2\,X^3 + 3\,X^2 + 4\,X + 3,8$$

et il est facile de programmer f et d'obtenir le tableau des valeurs approchées suivantes :

X	1,08	1,11	1,095	1,096	1,0958	1,0957
f (X)	0,53	– 0,50	0,026	– 0,0084	– 0,0015	0,0019

Le taux est donc compris entre 9,57 % et 9,58 % et plus proche de cette dernière valeur. On choisira donc 9,58 %.

4. LES ANNUITÉS PROGRESSIVES

Dans certaines circonstances, les annuités ne sont pas constantes, mais ne sont pas quelconques non plus : elles varient dans le temps selon une progression modélisable.

Exemples :

1) Un investisseur place la première année 20 000 F. Puis durant les 11 années suivantes, il augmente chaque année cette somme de 5 000 F : il s'agit d'une suite d'annuités en progression arithmétique.

2) Un particulier a emprunté 500 000 F sur 10 ans. Il escompte une augmentation substantielle de ses revenus et préfère adopter un remboursement par des annuités progressant de 8 % par an : il s'agit d'une suite d'annuités en progression géométrique.

Nous allons examiner ces deux situations.

4.1. Les annuités en progression arithmétique

4.1.1. La valeur acquise d'une suite d'annuités en progression arithmétique

La valeur acquise par une suite de n flux de trésorerie A_p (premier terme A_1) en progression arithmétique de raison A, pour un taux d'intérêt r, est :

$$V_n = \left(A_1 + \frac{A}{r}\right)\left(\frac{(1+r)^n - 1}{r}\right) - \frac{nA}{r} \qquad (2.7.)$$

Démonstration

Nous supposons que les annuités Ap sont en progression arithmétique de raison A ; on a donc :

$$A_{p+1} - A_p = A \quad (2.8.)$$

On sait que la valeur acquise est :

$$V_n = \sum_{p=1}^{n} A_p(1+r)^{n-p} \quad (2.9.)$$

La formule (2.7.) est obtenue à partir de la relation élémentaire :

$$V_n\, r = V_n(1 + r) - V_n \quad (2.10.)$$

On a en effet :

$$V_n(1 + r) = A_1(1 + r)^n + A_2(1 + r)^{n-1} + \ldots\ldots + A_{n-1}(1 + r)^2 + A_n(1 + r)$$

$$V_n = A_1(1 + r)^{n-1} + \ldots\ldots + A_{n-2}(1 + r)^2 + A_{n-1}(1 + r) + A_n$$

Par différence de ces deux lignes, et en utilisant (2.10.), il vient :

$$V_n r = A_1(1 + r)^n + (A_2 - A_1)(1 + r)^{n-1} + \ldots\ldots + (A_n - A_{n-1})(1 + r) - A_n$$

et puisque toutes les différences $A_p - A_{p-1}$ valent A, on obtient :

$$V_n r = A_1(1 + r)^n + A[(1 + r)^{n-1} + \ldots\ldots + (1 + r)] - [(n - 1)A + A_1]$$

$$= A_1[(1 + r)^n - 1] + A[(1 + r)^{n-1} + \ldots\ldots + (1 + r) + 1] - nA$$

Enfin à l'aide de la formule donnant l'expression de la somme d'une suite géométrique (voir annexe B3) :

$$V_n r = A_1\left[(1+r)^n - 1\right] + A\left(\frac{(1+r)^n - 1}{(1+r) - 1}\right) - nA$$

$$= \left(A_1 + \frac{A}{r}\right)\left[(1+r)^n - 1\right] - nA$$

d'où finalement le résultat exposé en (2.7.).

4.1.2. *La valeur actuelle d'une suite d'annuités en progression arithmétique*

> La valeur actuelle d'une suite de n flux de trésorerie A_p (premier terme A_1) en progression arithmétique de raison A pour un taux d'intérêt r est :
>
> $$V_0 = \left(A_1 + \frac{A}{r} + nA\right)\left(\frac{1-(1+r)^{-n}}{r}\right) - \frac{nA}{r} \qquad (2.11.)$$

Démonstration

D'après (2.7.) et la relation existant entre la valeur actuelle et la valeur acquise :

$$V_0 = \frac{V_n}{(1+r)^n} = \left(A_1 + \frac{A}{r}\right)\left(\frac{1-(1+r)^{-n}}{r}\right) - \frac{nA}{r(1+r)^n}$$

Remarquons que :

$$\frac{-1}{r(1+r)^n} = \frac{(1+r)^n - 1 - (1+r)^n}{r(1+r)^n} = \frac{(1+r)^n - 1}{r(1+r)^n} - \frac{1}{r}$$
$$= \frac{1-(1+r)^{-n}}{r} - \frac{1}{r}$$

d'où l'expression finale de la valeur actuelle (2.11.)

Exemple : le premier exemple du début du paragraphe se traduit par les données suivantes :
A = 5 000 (raison de la suite arithmétique)
A_1 = 20 000 (montant du premier versement)
n = 11 et r = 8 %

Le lecteur vérifiera facilement que $\left(\frac{(1+r)^n - 1}{r}\right) = 16{,}645$ puis

V_{11} = 685 752,71 et V_0 = 294 107, 60

4.2. Les annuités en progression géométrique

Nous supposons maintenant que les annuités A_p sont en progression géométrique ; c'est le cas notamment lorsque les annuités ont un taux de progression égal à g en pourcentage. La raison de la suite des annuités est alors $q = 1 + g$, et on a :

$$A_p = A_1\, q^{p-1} \text{ pour tout entier } p \geq 0$$

On a alors :

$$V_n = A_1(1+r)^{n-1} + A_1\, q(1+r)^{n-2} + \ldots\ldots + A_1\, q^{n-2}(1+r) + A_{n1}\, q^{n-1} \qquad (2.12.)$$

$$= A_1(1+r)^{n-1}\left(1 + \frac{q}{(1+r)} + \frac{q^2}{(1+r)^2} + \ldots\ldots + \frac{q^{n-1}}{(1+r)^{n-1}}\right)$$

V_n est la somme des n termes d'une suite géométrique de raison $\frac{q}{(1+r)}$; on distingue deux cas.

Premier cas : $q \neq 1 + r$ (c'est-à-dire $g \neq r$) ; on a alors :

$$V_n = A_1(1+r)^{n-1} \frac{\left(\frac{q}{1+r}\right)^n - 1}{\frac{q}{1+r} - 1}$$

$$= A_1(1+r)^{n-1} \frac{q^n - (1+r)^n}{(1+r)^n} \, \frac{1+r}{q-(1+r)}$$

soit, après simplification :

$$V_n = A_1 \frac{q^n - (1+r)^n}{q-(1+r)}$$

ou encore, en fonction du taux de progression g :

La valeur acquise par une suite de n flux de trésorerie en progression géométrique de raison $(1 + g)$ pour un taux d'intérêt r, lorsque $g \neq r$, est :

$$V_n = A_1 \frac{(1+g)^n - (1+r)^n}{g-r} \qquad (2.13.)$$

La valeur actuelle de cette suite est :

$$V_0 = \frac{A_1}{(1+r)^n} \, \frac{(1+g)^n - (1+r)^n}{g-r} \qquad (2.14.)$$

Deuxième cas : $q = 1 + r$ (c'est-à-dire $g = r$).

Dans ce cas, le crochet de l'expression (2.12.) est la somme de n termes tous égaux à 1. Il vaut donc n et on a immédiatement :

$$V_n = n\ A_1(1+r)^{n-1} \quad \text{et} \quad V_0 = \frac{n\ A_1}{1+r}$$

Exemple : reprenons les données du deuxième exemple du début du paragraphe. Nous supposerons de plus que le taux de l'emprunt est de 10 % ; les données sont donc les suivantes :

$V_0 = 500\,000$ $\quad r = 0{,}10$
$n = 10$ $\quad g = 0{,}08$

Déterminons le montant de la première annuité, et celui de la dernière annuité.

Le lecteur vérifiera que le coefficient de A_1 dans l'expression de V_0 est 8,382 et que l'on obtient donc une première annuité de remboursement A_1 = 59 651,29 et une dernière annuité A_n = 119 243,21.

EXERCICES

Enoncé

1. Une personne se voit proposer deux types de contrats pour une durée de 5 ans ; les versements se font dans les deux cas en fin d'année.

Dans le premier, elle verse 20 000 F par an. Dans le second, les versements sont les suivants : 15 000 la première année, 18 000 la seconde, 20 000 la troisième, 23 000 la quatrième et 25 000 la dernière année.

Quel contrat permet de constituer le capital le plus important à la fin des 5 ans, sachant que le taux d'intérêt annuel est de 7,5 % ?

Corrigé

Il convient de comparer les valeurs acquises des sommes versées dans les deux cas :

$$V_n = \sum_{p=1}^{n} A_p (1+r)^{n-p}$$

Dans le second contrat, les annuités sont quelconques. Ainsi :
$V_5 = 15\ 000\ (1{,}075)^4 + 18\ 000\ (1{,}075)^3 + 20\ 000\ (1{,}075)^2 + 23\ 000\ (1{,}075) + 25\ 000 = 115\ 231.$
Dans le premier contrat, les annuités sont constantes ; la valeur acquise est alors :

$$V_5 = 20\ 000 \left(\frac{(1{,}075)^5 - 1}{0{,}075} \right) = 116\ 168$$

La valeur acquise par le premier contrat est supérieure à celle acquise par le second contrat.

Enoncé

2. Monsieur Didier souhaite se constituer un capital de 200 000 F dans quatre ans.

a. Combien doit-il placer chaque année pour y parvenir, le taux d'intérêt étant de 5,8 % ?

b. Il s'aperçoit que ce montant dépasse ses possibilités et qu'il ne peut économiser que 30 000 F par an. Au bout de combien d'années aura-t-il constitué son capital ?

c. Quel devrait être le taux d'intérêt pour que Monsieur Didier ait un capital de 200 000 au bout de 5 ans en plaçant 30 000 F par an ?

Corrigé

a. On détermine l'annuité constante permettant de constituer une valeur acquise de 200 000 F au bout de quatre ans pour un taux annuel de 5,8 %.

$$A = 200\,000\left(\frac{0,058}{(1,058)^4 - 1}\right) = 45\,854$$

b. Monsieur Didier ne pouvant verser que 30 000 F par an, il devra patienter plus de 4 ans pour détenir 200 000 F. On a vu que :

$$n = \frac{ln\left(1 + \frac{rV_n}{A}\right)}{ln(1+r)} \text{ ainsi : } n = \frac{ln\left(1 + \frac{0,058 \times 200\,000}{30\,000}\right)}{ln(1,058)} = 5,8$$

C'est ainsi un peu moins de 6 ans que devra patienter Monsieur Didier.

c. Si Monsieur Didier souhaite néanmoins obtenir 200 000 en cinq ans, il faut qu'il trouve une banque lui offrant un taux supérieur à 5,8 %. On calcule le taux actuariel correspondant, c'est-à-dire le taux r tel que :

$$\left(\frac{(1+r)^n - 1}{r}\right) = \frac{V_n}{A} = 6,6667$$

on trouve (dans les tables financières ou à l'aide d'une calculatrice) : r = 14,43 %.

Enoncé

3. Monsieur Baron désire préparer sa retraite. Agé aujourd'hui de 35 ans, il souhaite disposer à partir de 65 ans d'une rente mensuelle de 2 500 F, pendant 18 ans (qui débute un mois après le dernier versement par Monsieur Baron). Une compagnie d'assurance lui assure un taux d'intérêt de 6 %.

a. Quel est le montant des versements mensuels constants que doit effectuer Monsieur Baron ?

b. Une compagnie concurrente propose de verser 553 F par mois pour toucher ensuite 2 500 F par mois pendant 18 ans. Quel est le taux actuariel offert ?

Corrigé

a. Le taux équivalent mensuel au taux annuel de 6 % est : $(1{,}06)^{1/12} - 1 = 0{,}4868$ %.

Il convient de calculer la valeur actuelle, lorsque Monsieur Baron aura 65 ans, de la rente à percevoir :

$$V_0 = 2\,500\left(\frac{1-(1{,}004868)^{-216}}{0{,}004868}\right) = 333\,653$$

Il reste à calculer la valeur de l'annuité qui conduirait à une valeur acquise de 333 653 après 30 x 12 = 360 versements, au taux de 6 % annuel.

$$A = 333\,653\left(\frac{0{,}004868}{(1{,}004868)^{360}-1}\right) = 342$$

Il faudrait ainsi un versement de 342 F par mois pendant 30 ans pour assurer une rente de 2 500 F par mois pendant 18 ans.

b. Le taux actuariel est x tel que :

$$2\,500\left(\frac{1-(1+x)^{-216}}{x}\right) = 553\left(\frac{(1+x)^{360}-1}{x}\right)$$

x = 0,3339 % (taux mensuel) et correspond à un taux annuel de 4,08 %.

Le calcul précédent peut être réalisé par approximation et interpolation linéaire ou à l'aide d'une calculatrice financière (programme FVAR, 360 fois (– 553), puis 216 fois 2 500 ; calcul du taux actuariel).

Enoncé

4.a. Monsieur Dodu, qui envisage de se constituer un capital, place une somme de 10 000 F à la fin de la première année, qui augmente de 1 000 F chaque année. Quel est le capital acquis à la fin de la 12e année ? Le taux d'intérêt est de 6,5 %.

b. Même question si la somme placée augmentait de 10 % par an.

c. Quel devrait être le premier terme, identique pour les deux suites, pour que celles-ci produisent le même capital acquis au bout de 12 ans ? Quel est le capital acquis dans ce cas ?

Corrigé

a. Les annuités sont en progression arithmétique de raison 1 000. Le capital acquis à la fin de la 12e année est alors d'après (2.7.) :

$$V_{12} = \left(10\ 000 + \frac{1\ 000}{0{,}065}\right)\left(\frac{(1{,}065)^{12} - 1}{0{,}065}\right) - \frac{12 \times 1\ 000}{0{,}065} = 256\ 333$$

b. Dans ce cas, il s'agit d'une suite d'annuités en progression géométrique de raison 1,1. La valeur acquise est alors d'après (2.13.) :

$$V_{12} = 10\ 000\left(\frac{1{,}1^{12} - (1{,}065)^{12}}{1{,}1 - 1{,}065}\right) = 288\ 380$$

c. Le premier terme A_1 est tel que :

$$V_n = \left(A_1 + \frac{A}{r}\right)\left(\frac{(1+r)^n - 1}{r}\right) - \frac{nA}{r} = A_1\left(\frac{q^n - (1+r)^n}{q - (1+r)}\right)$$

après calcul : $A_1 = 7\ 204$.
Ainsi, si le premier terme est 7 204, au bout de 12 ans, les deux suites conduisent au même capital acquis : $V_n = 207\ 750$.

Enoncé

5. La société Nougat est cotée en bourse. Elle verse annuellement un dividende de 60 F à ses actionnaires, et pense le maintenir à ce niveau à l'avenir. La valeur d'une action est la somme des flux futurs actualisés que propose ce titre. Le taux d'actualisation à retenir est de 12 %.

a. Si l'on suppose que l'action peut être revendue à 700 F dans cinq ans, quelle est la valeur aujourd'hui de cette action ?

b. En fait, on peut également envisager de conserver cette action indéfiniment. Quelle est dans ce cas sa valeur ?

c. En réalité, le dividende versé à chaque action progressera de 3 % par an. Quelle est alors la valeur de l'action ?

Corrigé

a. La valeur de l'action est la valeur actuelle des flux futurs : cinq dividendes de 60 F et le produit de la revente de l'action, 700 F. Ainsi :

$$V = 60\left(\frac{1-(1,12)^{-5}}{0,12}\right) + 700(1,12)^{-5} = 613$$

b. L'action est dans ce cas la valeur actuelle des dividendes futurs, versés indéfiniment. n tend ainsi vers l'infini.

$$V = 60\left(\frac{1-(1,12)^{-n}}{0,12}\right)$$

et lorsque $n \to +\infty$, nous avons vu que $V = \frac{60}{0,12} = 500$

c. Il est courant, dans l'évaluation des actions, de considérer que le dividende augmente dans le temps. Ici, il s'agit d'une progression géométrique de raison 1,03. Ainsi :

$$V = D_1(1+r)^{-n}\left(\frac{q^n-(1+r)^n}{q-(1+r)}\right) \quad \text{où } q = 1,03 \text{ et } r = 0,12$$

Cette expression peut être réécrite comme suit :

$$V = D_1\left(\frac{\left(\frac{q}{1+r}\right)^n - 1}{q-(1+r)}\right)$$

Lorsque n tend vers l'infini, et à condition que $q < 1 + r$, ou encore que le taux de progression soit inférieur à r (ce qui est le cas dans notre exemple : $0,03 < 0,12$), alors cette expression se simplifie :

$$V = \frac{D_1}{(1+r)-q}$$

Soit g le taux de progression des dividendes : $q = 1 + g$. D'où :

$$V = \frac{D_1}{r-g} \quad \text{Ainsi : } V = \frac{60}{0,12-0,03} = 666$$

Note : ce modèle d'évaluation des actions est connu sous le nom de modèle de Gordon-Shapiro.

CHAPITRE III

Les emprunts

On distingue traditionnellement les emprunts indivis, non divisibles et contractés auprès d'un seul créancier, et les emprunts obligataires, composés d'obligations vendues à un grand nombre de créanciers.

Parmi les emprunts indivis, on trouve notamment :

– les emprunts des particuliers, personnels ou immobiliers ;

– les crédits à moyen terme consentis par les banques aux entreprises.

Les emprunts obligataires ayant des caractéristiques particulières, nous allons présenter les caractéristiques générales des emprunts à l'aide d'exemples d'emprunts indivis : méthodes de remboursement, coût actuariel, clause de remboursement anticipé ; la présentation des spécificités des emprunts obligataires, qui concernent un grand nombre de créanciers, fait l'objet d'une seconde section.

1. LES EMPRUNTS INDIVIS

Les modes de remboursement (ou d'amortissement) d'un emprunt sont divers :

– in fine : seuls les intérêts sont payés régulièrement, le capital étant intégralement remboursé à la fin de la durée de vie de l'emprunt ;

– par amortissement constant : la part du capital remboursé chaque période est identique et les charges d'intérêt sont décroissantes ; le versement total est décroissant ;

– par annuités constantes (ou mensualités, trimestrialités... constantes) : la sortie de fonds est identique pour chaque période, mais la répartition entre capital et charges d'intérêt varie dans le temps.

D'autres modes de remboursement peuvent être dérivés de ces trois solutions : annuités progressives, dégressives, évoluant par seuil, différé d'amortissement......

Si les plus grandes entreprises privilégient les deux premières solutions (in fine et amortissement constant), les particuliers et les petites entreprises se tournent majoritairement vers les annuités constantes.

D'autres caractéristiques des emprunts sont passées en revue : la clause de remboursement anticipé, qui permet à l'emprunteur de renégocier son emprunt, les taux et coûts actuariels, ainsi que la dissociation usufruit et nue-propriété des emprunts.

1.1. Les principales caractéristiques d'un emprunt

Les notations adoptées sont les suivantes :

V_0 : capital emprunté

z : taux d'intérêt nominal

n : nombre d'annuités payables à terme échu

A_p : flux de remboursement de la période p

D_p : part d'amortissement du capital compris dans la pième annuité

F_p : montant des intérêts compris dans la pième annuité

Le tableau d'amortissement d'un emprunt est construit selon le modèle suivant :

p période	**V_p capital dû en début de période**	**F_p intérêts de la période**	**D_p amortissement de la période**	**A_p annuité de la période**
1	V_0	F_1	D_1	A_1
2	V_1	F_2	D_2	A_2
...	...	...	...	...
n	V_{n-1}	F_n	D_n	A_n

Entre ces différentes variables, on peut établir les relations suivantes :

L'annuité est composée de l'intérêt dû et de la part d'amortissement du capital :

$$A_p = F_p + D_p$$

Les intérêts dus au titre d'une période donnée correspondent au produit du taux nominal par le capital restant dû en début de période :

$$F_p = zV_{p-1}$$

La somme des amortissements successifs est égale au capital emprunté :

$$D_1 + D_2 + D_3 \dots + D_n = V_0$$

A la fin de la période de remboursement, le capital est entièrement amorti :

$$V_n = 0$$

Le capital remboursé au titre d'une période donnée est égal à la différence entre le capital restant dû en début de période et le capital restant dû en fin de période :

$$D_p = V_{p-1} - V_p$$

Le coût global du crédit est égal au montant total des intérêts versés :

$$F_1 + F_2 + F_3 \dots + F_n$$

Le capital restant dû après le versement de la pième annuité est égal à la valeur actuelle à la date p des annuités restant dues après la fin de cette période, pour un taux d'actualisation égal au taux nominal de la dette, z :

$$V_p = \sum_{m=1}^{n-p} A_{m+p}(1+z)^{-m}$$

1.2. Illustration de trois méthodes de remboursement

Le recours aux différents modes de remboursement des emprunts est illustré par un exemple unique : une entreprise souhaite emprunter 500 000 F sur quatre ans. Elle compare les modes de remboursement, pour un même taux d'intérêt nominal de 9 %.

L'amortissement in fine

Dans ce cas, l'emprunteur verse chaque année le montant des intérêts dûs, V_0z, et rembourse le capital V_0 dans son intégralité à la fin de la durée de vie de l'emprunt. Le tableau d'amortissement pour l'exemple précédent est alors le suivant :

Années	Capital restant dû	Intérêts	Amortis-sement	Annuités totales
1	500 000	45 000	0	45 000
2	500 000	45 000	0	45 000
3	500 000	45 000	0	45 000
4	500 000	45 000	500 000	545 000
Total		180 000	500 000	680 000

La formule a l'intérêt de laisser à la disposition de l'entreprise l'intégralité du capital, avec des charges financières égales pour les quatre années, mais a l'inconvénient d'entraîner une sortie de fonds importante la dernière année. Cet inconvénient n'en est cependant pas un pour les grandes entreprises qui ont plusieurs emprunts en cours.

L'amortissement constant

Une fraction constante du capital initial est remboursée à chaque période. Dans ce cas, tous les D_p sont égaux à V_0/n.

Le tableau d'amortissement pour notre exemple est :

Années	Capital restant dû	Intérêts	Amortis-sement	Annuités totales
1	500 000	45 000	125 000	170 000
2	375 000	33 750	125 000	158 750
3	250 000	22 500	125 000	147 500
4	125 000	11 250	125 000	136 250
Total		112 500	500 000	612 500

L'amortissement constant permet le paiement d'intérêts décroissants et des annuités décroissantes.

Remarquons que les annuités forment une suite arithmétique.

Le premier terme des annuités est :

$$V_0\left(z+\frac{1}{n}\right)=500\ 000(0,09+1/4)=170\ 000$$

la raison de la suite arithmétique est :

$$\frac{-zV_0}{n} = -\frac{0,09 \times 500\ 000}{4} = -11\ 250$$

et le capital restant dû après la seconde annuité est :

$$V_0\left(1 - \frac{p}{n}\right) = 500\ 000(1 - 2/4) = 250\ 000$$

Les annuités constantes

Il faut commencer par calculer le montant de l'annuité constante (voir chapitre II) :

$$A = V_0\left(\frac{z}{1-(1+z)^{-n}}\right)$$

Dans ce cas, la part des intérêts diminue dans le temps, tandis que les amortissements s'accroissent : ils forment une suite géométrique de raison (1 + z) et de premier terme $A\ (1 + z)^{-n}$.

Le capital restant dû après la pième annuité est :

$$V_p = A\left(\frac{1-(1+z)^{p-n}}{z}\right) = V_0\left(\frac{(1+z)^n - (1+z)^p}{(1+z)^n - 1}\right)$$

soit encore :

$$V_p = V_0 - D_1\left(\frac{(1+z)^p - 1}{z}\right)$$

Dans l'exemple précédent, l'annuité constante est égale à :

$$A = 500\ 000\left(\frac{0,09}{1-(1,09)^{-4}}\right) = 500\ 000 \times 0,30867 = 154\ 334$$

Les intérêts correspondent à 9 % du capital restant dû en début de période, et l'amortissement du capital est égal à la différence entre le montant de l'annuité et les intérêts ainsi calculés.

Remarquons également que le premier terme des amortissements est :

$A\ (1 + z)^{-n} = 154\ 334\ (1,09)^{-4} = 109\ 334$ et que la raison de la suite est $(1 + z) = 1,09$.

Le tableau d'amortissement est alors :

Années	Capital restant dû	Intérêts	Amortis-sement	Annuités totales
1	500 000	45 000	109 334	154 334
2	390 666	35 160	119 174	154 334
3	271 492	24 433	129 901	154 334
4	141 591	12 743	141 591	154 334
Total		117 336	500 000	617 336

L'amortissement par flux constants a l'avantage d'un impact sur la trésorerie identique dans le temps. C'est la solution retenue pour la quasi-totalité des prêts aux particuliers.

1.3. La clause de remboursement anticipé

Un nombre croissant d'emprunts prévoient une clause de remboursement anticipé au profit de l'émetteur, et plus rarement à celui du souscripteur. Les particuliers bénéficient également de cette clause pour les emprunts qu'ils contractent. Les bénéficiaires de cette clause peuvent ainsi, lorsque les taux d'intérêt ont augmenté, décider de rembourser leurs dettes antérieures pour les remplacer dans des conditions plus avantageuses. Le recours à ces clauses entraîne des pénalités variables.

Exemple : un particulier a contracté un emprunt de 800 000 F sur 15 ans en 1991 au taux de 11 % pour financer son logement (remboursement par annuités constantes). Trois ans plus tard, en 1994, les taux sont passés à 8 %. La pénalité de remboursement anticipé de son emprunt est de 3 % du capital restant dû. Nous faisons l'hypothèse qu'il n'y a pas d'autres frais.

Première solution : la réduction des annuités

En reprenant les notations précédentes : $V_0 = 800\,000$

$$A = V_0 \left(\frac{z}{1-(1+z)^{-n}} \right) = 111\,252$$

Le capital restant dû en 1994, au bout de trois années de remboursement est :

$$V_3 = V_0 - D_1 \left(\frac{(1+z)^3 - 1}{z} \right)$$

D_1 est le premier terme d'amortissement :

$$D_1 = 111\ 252 - 0{,}11 \times 800\ 000 = 23\ 252$$

$$\text{D'où } V_3 = 800\ 000 - 23\ 252\left(\frac{(1{,}11)^3 - 1}{0{,}11}\right) = 722\ 289$$

c'est ce montant qui fait l'objet du refinancement, augmenté de la pénalité de remboursement anticipé, soit 0,03 x 722 289 = 21 669. Le nouvel emprunt est ainsi de 743 958. Si l'on conserve la durée initiale résiduelle de 12 ans, la nouvelle annuité devient :

$$A' = V'_0\left(\frac{z'}{1-(1+z')^{-12}}\right)$$

où z' = 8 % et V'_0 = 743 958 d'où A' = 98 720.

Seconde solution : la réduction de la durée

L'emprunteur peut également décider de rembourser le même montant annuel, mais en diminuant la durée totale de son emprunt. La nouvelle durée de l'emprunt est n' tel que :

$$A = V'_0\left(\frac{z'}{1-(1+z')^{-n'}}\right)$$

Les machines financières indiquent la solution immédiatement, mais il est encore possible de réorganiser cette expression :

$$\left(\frac{z'}{1-(1+z')^{-n'}}\right) = \frac{A}{V'_0}$$

c'est-à-dire :

$$(1+z')^{-n'} = 1 - \frac{z'V'_0}{A} \quad \text{ou encore : } n' = -\frac{ln\left(1-\frac{z'V'_0}{A}\right)}{ln(1+z')}$$

Dans notre exemple, n' = 9,95 années.
L'emprunteur peut ainsi soit réduire ses annuités (de 111 252 à 98 720) soit réduire la durée résiduelle de son emprunt (de 12 à 9,95 années).

1.4. Le coût actuariel net d'un emprunt

La mesure du coût réel total d'un emprunt, au delà du taux d'intérêt apparent, est l'un des soucis de l'emprunteur ; il convient en effet de tenir compte de l'ensemble des frais que génère un emprunt, ainsi que, le cas échéant, de la fiscalité. On distingue le cas d'un emprunteur particulier et celui d'une entreprise.

Coût réel d'un emprunt pour un particulier

Il est mesuré par le taux effectif global, qui tient compte des frais supportés par l'emprunteur, notamment des frais de dossier. Il faut remarquer que lorsque la périodicité des échéances diffère de l'année (mensualités, trimestrialités), on calcule un taux par période, et le taux effectif global est le taux annuel proportionnel au taux obtenu. Une directive européenne préconise l'utilisation d'un taux annuel effectif global (taux équivalent), mais elle ne s'imposera en France qu'à partir de 1996.

Exemple : un particulier emprunte 400 000 F au taux de 8 % sur 10 ans (annuités constantes A). Il supporte initialement des frais de dossier f de 2 000 F. Le taux effectif global est r tel que :

$$V_0 - f = A\left(\frac{1-(1+r)^{-n}}{r}\right) \quad \text{où } A = V_0\left(\frac{z}{1-(1+z)^{-n}}\right)$$

Dans notre exemple, A = 59 612 ; d'où :

$$398\,000 = 59\,612\left(\frac{1-(1+r)^{-n}}{r}\right) \quad \text{et } r = 8{,}11\ \%$$

Coût réel d'un emprunt pour une entreprise

Le coût actuariel net tient compte de l'ensemble des frais supportés ainsi que des effets de la fiscalité. Par ailleurs, il est toujours exprimé en taux équivalent.

Le coût actuariel net est c tel que :

$$V_0 - f(1-T) = \sum_{p=1}^{n}\left[\left(D_p + F_p(1-T)\right)(1+c)^{-p}\right]$$

où :

D_p : amortissement de la période p

F_p : intérêts de la période p (déductibles du résultat imposable)

T : taux d'impôt sur les bénéfices

Exemple : une entreprise se voit proposer un emprunt d'un montant de 500 000 F remboursable in fine dans cinq ans. Les frais de dossier sont de 4 000 F. Le taux d'impôt sur les bénéfices est de 331/3 %. Le taux nominal est de 9 %.

Le coût actuariel net est c tel que :

$$500\,000-4\,000(1-0{,}333)=\sum_{p=1}^{5}\left[45\,000(1-0{,}333)(1+c)^{-p}\right]$$
$$+500\,000(1+c)^{-p}$$

c = 6,13 %.

Le coût réel est inférieur au taux nominal, malgré les frais, en raison de la déductibilité des intérêts du résultat imposable.

1.5. Usufruit et nue-propriété

L'usufruit total d'un emprunt correspond à la valeur actuelle, au taux actuariel, des coupons d'intérêts successifs. La nue-propriété est égale à la valeur actuelle, au même taux, des amortissements. La somme de l'usufruit et de la nue-propriété est égale à la valeur actuelle totale de l'emprunt.

Exemple : un emprunt de 500 000 F émis au taux nominal de 7 % est remboursable in fine au bout de cinq ans. A l'origine, la valeur de l'emprunt est de 500 000 (on suppose qu'il n'y a pas de frais). Deux ans plus tard, le taux actuariel brut de l'emprunt passe à 8 %. Quelles sont dans les deux cas les valeurs de l'usufruit et de la nue-propriété ?

A l'émission, le taux actuariel brut en l'absence de frais est égal au taux nominal. Ainsi, l'usufruit U est égal à l'actualisation au taux de 7 % des coupons d'intérêt de 35 000 F pendant cinq ans :

$$U=\sum_{p=1}^{5}\left[35\,000(1{,}07)^{-p}\right]=143\,507$$

et la nue-propriété est égale à l'actualisation au taux de 7 % du capital remboursé à la fin de la cinquième année :

$$NP = 500\,000\,(1{,}07)^{-5} = 356\,493$$

On peut vérifier que U + NP = V : la valeur actuelle de l'emprunt correspond à la somme des valeurs de l'usufruit et de la nue-propriété.

Deux ans plus tard, le taux actuariel brut est de 8 %. On obtient :

$$U=\sum_{p=1}^{3}\left[35\,000(1{,}08)^{-p}\right]=90\,198$$

$$NP = 500\,000\,(1{,}08)^{-3} = 396\,916$$

La valeur actuelle de l'emprunt est : 90 198 + 396 916 = 487 114.

2. LES SPÉCIFICITÉS DES EMPRUNTS OBLIGATAIRES

Dans ce cas, l'emprunteur s'adresse à un grand nombre de prêteurs, et l'emprunt est divisé en parts de même montant unitaire, négociables, les obligations. Un premier paragraphe dresse les principales caractéristiques des obligations. Il est complété par la présentation du calcul obligataire (valeur d'une obligation, taux et coût actuariel), et des notions de duration et de sensibilité.

2.1. Les principales caractéristiques des emprunts obligataires

– La valeur nominale M d'une obligation sert de base au calcul des intérêts. Elle est le plus fréquemment fixée à 5 000 F mais peut être également de 2 000 F ou 10 000 F.

– Le prix d'émission P correspond au montant à verser par le souscripteur. Il peut être différent de la valeur nominale (exemple : l'obligation est émise à 99,5 % du nominal, c'est-à-dire à 4 975 pour un titre de nominal 5 000 F). Lorsque le prix d'émission est égal à la valeur nominale, on dit que l'obligation est émise au pair.

– Le prix de remboursement R de l'obligation est le montant que percevra l'obligataire à l'échéance de son titre. Il peut être supérieur à la valeur nominale, et comporte dans ce cas une prime de remboursement. Cette prime est rare pour les emprunts obligataires simples, mais très fréquente pour les obligations convertibles. Lorsque le prix de remboursement est égal à la valeur nominale, on dit que l'obligation est remboursée au pair.

– Le taux nominal (ou facial) z, appliqué à la valeur nominale, permet le calcul des coupons (montant des intérêts versés à chaque échéance) : zM.

– L'emprunt obligataire, comme l'emprunt indivis, peut être amorti selon des méthodes différentes : amortissement constant (le même nombre d'obligations est remboursé chaque année), avec ou sans différé d'amortissement, annuités sensiblement constantes [1] (le nombre d'obligations à rembourser augmente dans le temps), ou

1. Les annuités ne sont pas strictement constantes parce que l'amortissement doit concerner un nombre entier d'obligations.

remboursement in fine. Cette dernière solution est la plus fréquente sur les marchés obligataires.

– L'emprunt obligataire peut être assorti d'une clause de rachat en bourse et/ou de remboursement anticipé le plus souvent au gré de l'émetteur. Dans ce cas, une pénalité de remboursement anticipé est prévue.

– La date de jouissance des obligations est la date à partir de laquelle le titre porte intérêt. Dans la plupart des cas, cette date correspond à la date de règlement.

– La durée totale de l'emprunt correspond au délai séparant la date d'émission de la date de remboursement de la dernière échéance.

– La maturité d'une obligation correspond à sa durée de vie résiduelle.

– La durée de vie moyenne correspond à l'espérance mathématique de sa durée de vie ou encore à la moyenne pondérée des différentes durées de vie possibles.

Exemple : l'Auxiliaire du Crédit Foncier de France (ACFF) a émis le 14 mars 1994 un emprunt obligataire de 2 milliards de francs garanti par le Crédit Foncier de France, dont les caractéristiques sont les suivantes :
nominal des titres : 5 000 F
prix d'émission : 99,8 % soit 4 990 par titre
jouissance et règlement : 28 mars 1994
intérêt : 6,25 % du nominal, soit 312,50 F par obligation payable le 28 mars de chaque année.
taux de rendement actuariel : 6,28 %
durée : 9 ans
remboursement : au pair, en totalité le 28 mars 2003.

2.2. Le calcul obligataire

Nous passerons en revue le mode de calcul de la valeur d'une obligation, et la détermination des taux actuariels obligataires.

2.2.1. La valeur d'une obligation

La détermination de la valeur d'une obligation

A une date quelconque, la valeur d'une obligation correspond à la valeur actuelle, au taux du marché obligataire, des flux financiers qu'elle génère. Soient r le taux du marché obligataire et A_p les annuités correspondant aux paiements des coupons et au remboursement du capital.

Le prix de l'obligation immédiatement après le paiement d'une échéance de coupon est : $V = \sum_{p=1}^{n} A_p(1+r)^{-p}$

La valeur de l'obligation est une fonction décroissante du taux d'intérêt : elle s'accroît lorsque les taux diminuent et baisse lorsque les taux augmentent, de manière à ce qu'un investisseur qui acquiert l'obligation obtienne toujours une rémunération correspondant au taux du marché.

Exemple : reprenons le cas des obligations émises par l'ACFF. Supposons que le 29 mars 1995, le taux du marché pour un risque équivalent soit passé de 6,28 % à 9 %. Il reste à cette date 8 années avant le remboursement des obligations. La valeur de l'obligation à cette date est :

$$V = \sum_{p=1}^{8} 312,5(1,09)^{-p} + 5\,000(1,09)^{-8} = 4\,239$$

En achetant l'obligation pour 4 239 F, l'investisseur s'assure d'un taux de rentabilité de 9 %, résultant d'une part du coupon, et d'autre part de la prime de remboursement qu'implique pour lui la différence entre 5 000 et 4 239.
A l'inverse, si à la même date, le taux du marché est de 5 %, alors la valeur de l'obligation s'élève de manière à ce que les investisseurs perçoivent cette rentabilité de marché de 5 % :

$$V = \sum_{p=1}^{8} 312,5(1,05)^{-p} + 5\,000(1,05)^{-8} = 5\,404$$

Le placement obligataire n'est pas dénué de risque : il supporte le risque de taux. L'investisseur qui souhaite vendre son titre sur le marché secondaire avant son échéance peut en obtenir moins que sa valeur faciale si les taux ont augmenté depuis son émission.

La cotation d'une obligation

Les obligations sont cotées en pourcentage de la valeur nominale (pour faciliter la comparaison entre obligations de valeurs nominales différentes) et au pied du coupon, c'est-à-dire en faisant l'hypothèse que le coupon vient d'être détaché. Le coupon couru est la part du coupon correspondant à la période entre la date du dernier détachement et la date de l'évaluation.

Exemple : l'obligation Pinault-Printemps (nominal 5 000 F) émise à un taux nominal de 9 % le 1er décembre 1988, et à échéance en 1995 (remboursement in fine) cote le 11 mars 1994 104,4 (au pied du coupon). Depuis le 1er décembre 1993, date du dernier détachement du coupon, 100 jours se sont écoulés. Le coupon couru est alors :

$$\text{taux nominal} \times \frac{100}{365} = 2,4657.$$

La valeur en francs de l'obligation est :

$$\frac{104,4 + 2,4657}{100} \times 5\,000 = 5\,343.$$

2.2.2. Le taux actuariel

Le taux actuariel à l'émission de l'emprunt obligataire est le taux annuel qui permet d'égaler le prix versé par l'investisseur et les valeurs actuelles des flux qui lui reviendront.

Le taux actuariel à l'émission x est tel que :

$$P = \sum_{p=1}^{n} A_p (1+x)^{-p}$$

Le taux actuariel brut est un taux avant incidence de l'impôt supporté par les investisseurs ; le taux actuariel net est calculé sur des flux nets perçus par les investisseurs (hors éventuelles retenues à la source sur les coupons ou les primes de remboursement).

Exemple : reprenons le cas de l'emprunt ACFF. Le taux actuariel brut à l'émission est calculé de la manière suivante :

$$4\,990 = \sum_{p=1}^{9} 312,5(1+x)^{-p} + 5\,000(1+x)^{-9} \quad \text{soit : } x = 6,28\ \%$$

Ce taux correspond au taux nominal de 6,25 % majoré de 0,03 % pour traduire l'incidence de la prime d'émission (5 000 – 4 990).

2.3. Sensibilité et duration

Nous avons vu que la valeur de marché d'une obligation évolue en sens inverse des taux d'intérêt. Mais toutes les obligations n'évoluent pas de manière identique : on dit qu'elles sont plus ou moins sensibles. Cette sensibilité est très liée à la durée de vie résiduelle de l'obligation.

2.3.1. La sensibilité

La sensibilité, S, peut être définie comme la variation relative de la valeur de l'obligation qu'entraîne une variation infinitésimale du taux :

$$S = \frac{1}{V}\frac{dV}{dr}$$

Or nous avons établi la valeur suivante pour une obligation :

$$V = \sum_{p=1}^{n} A_p(1+r)^{-p}$$

Ainsi, la sensibilité d'une obligation est donnée par :

$$S = \frac{\sum_{p=1}^{n} -pA_p(1+r)^{-p-1}}{\sum_{p=1}^{n} A_p(1+r)^{-p}}$$

Exemple : une obligation de nominal 5 000 F a été émise le 31 mars 1991 au taux facial de 9,80 % pour une durée totale de 10 ans (échéance le 31 mars 2001), remboursement in fine. Si l'on considère un taux de marché de 6,5 %, sa valeur le 31 mars 1994, immédiatement après détachement du coupon est :

$$V = \sum_{p=1}^{7} 490(1,065)^{-p} + 5\,000(1,065)^{-7} = 5\,905$$

Sa sensibilité est :

$$S = \frac{\sum_{p=1}^{6} -p\ 490(1,065)^{-p-1} - 7 \times 5\,490(1,065)^{-8}}{5\,905} = -\ 5,18$$

Une sensibilité de – 5,18 signifie que la valeur de l'obligation augmente (diminue) de 5,18 % en présence d'une baisse (hausse) de taux de 1 %.

2.3.2. La duration

La sensibilité dépend pour une large part de la durée de vie résiduelle de l'obligation : les obligations les plus sensibles sont également celles dont la durée de vie résiduelle est la plus longue. Ainsi, on peut encore écrire la sensibilité de la manière suivante :

$$S = \frac{1}{1+r} \frac{\sum_{p=1}^{n} -pA_p(1+r)^{-p}}{V} = -\frac{1}{1+r} \text{ d où d est la duration}$$

La duration est une mesure de la durée de vie moyenne de l'obligation qui tient compte de l'ensemble des flux (coupons et remboursements) ainsi que de l'échelonnement dans le temps de ces coupons, par le biais de l'actualisation. Dans l'exemple précédent, la duration de l'obligation étudiée est :

$$5{,}18(1{,}065) = 5{,}52$$

2.3.3. Propriétés de la sensibilité et de la duration

• Le risque de taux d'une obligation est d'autant plus important que sa duration (ou la valeur absolue de sa sensibilité) est élevée.

• La duration et la valeur absolue de la sensibilité diminuent lorsque les taux de marché s'accroissent.

• La duration d'une obligation zéro-coupon est égale à sa durée de vie.

• Ces concepts reposent sur l'hypothèse que la gamme des taux se déplace de façon parallèle, c'est-à-dire que les fluctuations de tous les taux, qu'ils soient courts ou longs, sont identiques.

EXERCICES

Enoncé

1. Une entreprise souhaitant emprunter 300 000 F s'adresse à une banque qui lui propose un emprunt remboursable par annuités constantes au taux de 7,5 %. Le capital restant dû après la 6e annuité est de 146 385. Quelle est la durée de l'emprunt ?

Corrigé

On sait que $V_6 = 146\,385$

$$\text{Or } V_p = V_0\left(\frac{(1+z)^n - (1+z)^p}{(1+z)^n - 1}\right)$$

On peut ainsi déterminer n en fonction des variables dont la valeur est connue.

$$V_p\,[(1+z)^n - 1] = V_0\,[(1+z)^n - (1+z)^p]$$

$$\Leftrightarrow (V_0 - V_p)\,(1+z)^n = V_0(1+z)^p - V_p$$

$$\Leftrightarrow n\,ln(1+z) = ln\frac{V_0(1+z)^p - V_p}{V_0 - V_p}$$

$$\Leftrightarrow n = \frac{ln\left(V_0(1+z)^p - V_p\right) - ln\left(V_0 - V_p\right)}{ln(1+z)}$$

Les données numériques de l'énoncé sont les suivantes :
$V_0 = 300\,000$; $V_6 = 146\,385$; $z = 7{,}5\ \%$; $p = 6$

$$\text{d'où : } n = \frac{ln(316\,605) - ln(153\,615)}{ln(1{,}075)} = 10$$

L'emprunt est amorti en dix ans.

Enoncé

2. Un particulier a emprunté en 1992 une somme de 600 000 F qu'il rembourse par mensualités constantes sur 15 ans au taux annuel de 10,5 % (taux mensuel proportionnel). En 1994, immédiatement après la 24e mensualité, il renégocie sa dette et compare deux propositions :

– Sa banque propose un nouveau taux de 8,75 %, sans pénalités de remboursement anticipé ; la durée est réduite à 11 ans.

– Une banque concurrente propose un taux de 8 % ; mais dans ce cas, les pénalités de remboursement anticipé sont dues : elles sont de 3 % du capital restant dû, et sont refinancées par la banque. La durée est également de 11 ans.

Quelle proposition faut-il retenir ? Comparez les nouvelles annuités.

Corrigé

Le capital restant dû après la 24e mensualité de 6 632 F est 563 260 F. Ce montant est refinancé par la première banque sur 11 ans au taux de 8,75 %. Les nouvelles mensualités s'élèvent à 6 659 F.

La seconde banque refinance 563 260 x 1,03 = 580 158 ; le taux est de 8 %, et la durée est de 11 ans. Les nouvelles mensualités sont de 6 623 F. C'est ainsi cette dernière proposition qui apparaît plus intéressante.

ENONCÉ

3. Une entreprise emprunte 400 000 F sur 4 ans (amortissement constant) ; le taux est 7,5 %. Les frais de dossier s'élèvent à 1 500 F. Le taux d'impôt sur les bénéfices est de 1/3. Calculez le coût actuariel net de cet emprunt.

Corrigé

Le coût actuariel net est c tel que :

$$V_0 - f(1-T) = \sum_{p=1}^{n}\left[\left(D_p + F_p(1-T)\right)(1+c)^{-p}\right]$$

où :

$V_0 = 400\,000$; $T = 1/3$; $f = 1\,500$; $D_p = 100\,000$; $n = 4$; $F_1 = 30\,000$; $F_2 = 22\,500$; $F_3 = 15000$; $F_4 = 7\,500$.

$$400\,000 - 1\,500 \times 2/3 = (100\,000 + 30\,000 \times 2/3)(1+c)^{-1} + (100\,000 + 22\,500 \times 2/3)(1+c)^{-2} + (100\,000 + 15\,000 \times 2/3)(1+c)^{-3} + (100\,000 + 7\,500 \times 2/3)(1+c)^{-4}$$

En utilisant l'une des méthodes présentées dans le chapitre II, on obtient : c = 5,11 %.

Enoncé

4. Un emprunt obligataire est émis en juin 1994 aux conditions suivantes :

valeur nominale : 5 000 F
prix d'émission : 4 975 F
taux nominal : 7 %
durée totale : 8 ans (remboursement in fine)
date de jouissance : 15 juin 1994

a. Calculez le taux actuariel brut offert par l'emprunt.

b. Le 16 juin 1996, immédiatement après le détachement du coupon, le taux du marché est de 10 %. Quelle est à cette date la valeur de l'obligation ? Même question si le taux du marché passe à 5 %.

c. Calculez la sensibilité et la duration de l'obligation le 16 juin 1998 si le taux actuariel à cette date est de 8,5 %.

Corrigé

a. Le taux actuariel à l'émission est x tel que :

$P = \sum_{p=1}^{n} A_p(1+x)^{-p}$ avec les notations précédemment introduites.

$P = 4\ 975$; $A_p = 5\ 000 \times 0{,}07 = 350$ pour $p = 1$ à 7 ; $A_8 = 5\ 350$; $x = 7{,}084$ %.

b. Le prix de l'obligation immédiatement après le paiement de la seconde échéance de coupon est :

$$V = \sum_{p=1}^{n} A_p(1+r)^{-p}$$

où $r = 10$ % (taux du marché obligataire) $A_p = 350$ pour $p = 1$ à 5 et $A_6 = 5\ 350$; $V = 4\ 346{,}71$.

Si $r = 5$ % alors $V = 5\ 507{,}57$.

La valeur de l'obligation baisse lorsque le taux du marché augmente et s'accroît lorsque le taux du marché diminue.

c. La sensibilité du titre est donnée par la relation suivante :

$$S = \frac{\sum_{p=1}^{n} -pA_p(1+r)^{-p-1}}{V}$$

où $V = 4\ 794{,}14$; $r = 8{,}25$ % et $A_p = 350$ pour $p = 1$ à 3 et $A_4 = 5\ 350$.

$$S = \frac{\sum_{p=1}^{3} -p\ 350(1{,}085)^{-p-1} - 4 \times 5\ 350(1{,}085)^{-5}}{4\ 794{,}14} = -3{,}30$$

La duration d est donnée par : $-S(1 + r) = 3{,}30\ (1{,}085) = 3{,}58$.

CHAPITRE IV

Les choix d'investissement

L'investissement est un engagement durable de capital réalisé par l'entreprise en vue de maintenir ou d'améliorer sa situation économique. D'un point de vue financier – le seul étudié dans cet ouvrage – l'investissement se traduit par une séquence de flux financiers :

– la dépense initiale (à la date 0) ;

– les flux nets de trésorerie, différences entre les recettes et les dépenses générées durant chaque période par le projet ;

– éventuellement en fin de période une valeur résiduelle du bien ; celle-ci peut, pour les calculs, être ajoutée au flux de trésorerie de la dernière période.

La rentabilité d'un investissement peut s'apprécier à l'aide d'outils qui s'appuient sur les principes de l'actualisation et qui doivent être en mesure de répondre aux deux questions suivantes :

– Le projet d'investissement étudié peut-il être accepté ?

– Si deux projets sont en concurrence, lequel doit être retenu ?

Parmi les critères de choix d'investissement fondés sur l'actualisation, on distingue la valeur actuelle nette, l'indice de profitabilité qui en est dérivé, et le taux interne de rentabilité.

1. LA VALEUR ACTUELLE NETTE (VAN)

1.1. Le calcul de la VAN

La VAN confronte le capital investi à la somme des flux de trésorerie actualisés.

Soient :

A_p : le flux net de trésorerie de la période p (fin de période) ; le flux de la dernière période comporte éventuellement la valeur résiduelle du bien ;

r : le taux d'actualisation : il correspond au coût moyen des ressources utilisées par la firme, c'est-à-dire son coût du capital ;

I : le montant de l'investissement initial ; lorsque l'investissement est lui-même étalé sur plusieurs périodes, il convient de retenir la valeur actuelle des différents flux de capital investi.

La valeur actuelle nette à la date 0 est :

$$VAN = \sum_{p=1}^{n} A_p(1+r)^{-p} - I$$

Lorsque tous les flux de trésorerie sont égaux à A, le calcul de la VAN se simplifie (voir chapitre II) :

$$VAN = A\left(\frac{1-(1+r)^{-n}}{r}\right) - I$$

Exemple : un investissement initial est de 400 KF (1KF = 1 000 F). Les flux de trésorerie sont donnés ci-après. Le taux d'actualisation retenu est 10 %.

Années	0	1	2	3	4
Flux	– 400	170	140	130	120
Facteur d'actualisation : $1{,}1^{-p}$ où p est le rang de l'année		0,909	0,826	0,751	0,683
Flux actualisés		154,54	115,70	97,67	81,96

$$VAN = 154{,}54 + 115{,}70 + 97{,}67 + 81{,}96 - 400 = 49{,}88$$

1.2. La prise de décision à l'aide de la valeur actuelle nette

Elle diffère selon que l'on est en présence d'un seul ou de plusieurs projets.

Un seul projet

Un projet doit être accepté si sa VAN est positive. Ceci signifie en effet que :

– les fonds investis ont pu être récupérés,

– les capitaux investis dans le projet ont pu être rémunérés à un taux d'actualisation égal au coût du capital ; ainsi, le coût des ressources mobilisées pour financer le projet est couvert.

Dans l'exemple précédent, une VAN de 49,8 KF pour un taux d'actualisation de 10 % signifie que les 400 KF d'investissement initial sont récupérés, que ces fonds sont rémunérés au taux de 10 % et que le projet dégage un excédent de liquidités de 49,8 KF.

Mais si le coût du capital était de 20 %, cette VAN passerait à – 28 KF. Ce projet ne permet pas de rémunérer les ressources mobilisées à un taux de 20 %.

Plusieurs projets mutuellement exclusifs

Entre plusieurs projets mutuellement exclusifs, il convient de choisir celui qui présente la VAN la plus importante au taux d'actualisation retenu.

L'appréciation du critère

La VAN permet de mesurer un enrichissement en valeur absolue de la firme. Elle ne fournit pas d'indication sur la rentabilité du projet par franc investi. Par ailleurs, elle propose une appréciation de la rentabilité du projet sur toute sa durée, mais n'est pas un indicateur de liquidité : on ne sait pas à quelle date les fonds investis sont récupérés.

2. L'INDICE DE PROFITABILITÉ

L'indice de profitabilité est une simple reformulation de la valeur actuelle nette permettant d'apprécier la rentabilité du projet par franc investi.

L'indice de profitabilité IP correspond à la valeur actuelle des flux de liquidités générés par le projet, rapportée au montant des capitaux investis.

$$IP = \frac{\sum_{p=1}^{n} A_p(1+r)^{-p}}{I}$$

On peut noter que $IP = 1 + \frac{VAN}{I}$

Ainsi, dans l'exemple précédent, l'indice de profitabilité est : 1,1245 (au taux de 10 %) et 0,93 (au taux de 20 %).

En présence d'un seul projet, l'indice de profitabilité conduit toujours aux mêmes décisions que la valeur actuelle nette.

Entre plusieurs projets mutuellement exclusifs, l'entreprise doit choisir celui qui présente l'indice de profitabilité le plus grand. Dans ce cas, la décision prise sur la base de l'indice de profitabilité peut diverger de celle que préconise la valeur actuelle nette, en présence de projets de tailles différentes.

3. LE TAUX INTERNE DE RENTABILITÉ

3.1. Présentation du taux interne de rentabilité (TIR)

Le calcul du TIR

Le TIR est le taux d'actualisation pour lequel la valeur actuelle nette est nulle. Il correspond au taux actuariel d'une suite de flux, tel qu'il a été défini dans le second chapitre.

Le TIR est le taux x tel que :

$$VAN = \sum_{p=1}^{n} A_p(1+x)^{-p} - I = 0$$

Le TIR est le taux d'actualisation qui permet d'égaler d'une part le montant des capitaux investis, et d'autre part la somme des flux de liquidités actualisés à ce taux.

Exemple : dans l'exemple précédent le projet d'investissement est caractérisé par les flux suivants :

Années	0	1	2	3	4
Flux	– 400	170	140	130	120

Le taux interne de rentabilité est tel que :

$$170(1 + x)^{-1} + 140(1 + x)^{-2} + 130(1 + x)^{-3} + 120(1 + x)^{-4} - 400 = 0 \text{ d'où } x = 16~\%$$

(voir les techniques de calcul du taux interne, qui est un taux actuariel, dans le chapitre II).

Le graphique 4.1. illustre cette détermination du TIR, sur la courbe des VAN en fonction des taux d'actualisation. Le TIR correspond à l'intersection de la courbe des VAN avec l'axe des abscisses. Mais ce profil de VAN ne vaut que pour les projets de type flux négatif unique/flux positifs multiples.

GRAPHIQUE 4.1.

Le taux interne de rentabilité

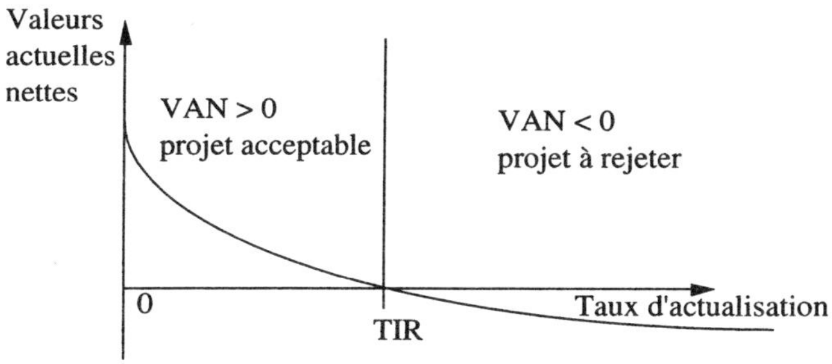

3.2. La prise de décision à l'aide du taux interne de rentabilité

Un seul projet

La décision de retenir ou non un projet découle de la comparaison du taux interne de rentabilité et du taux d'actualisation retenu :

– TIR < taux d'actualisation : projet rejeté ;

– TIR ≥ taux d'actualisation : projet accepté, car il permet de couvrir le coût des ressources.

Le TIR donne une estimation de la rentabilité moyenne du projet sur toute sa durée de vie. Il nous indique que le projet reste acceptable tant que le coût des ressources investies dans le projet est inférieur au TIR.

En présence d'un seul projet, les deux critères, VAN et TIR, conduisent à la même décision. Un TIR supérieur au coût du capital équivaut en effet à une VAN positive.

Dans l'exemple précédent, le TIR est de 16 %. Le projet peut être retenu puisque ce taux est supérieur au coût du capital qui est de 10 %. Le projet reste acceptable tant que le coût des ressources est inférieur à 16 %. Si par contre on retient un taux d'actualisation de 20 %, le projet doit être rejeté.

Ainsi, l'utilisation du TIR est parfaitement opérationnelle en présence d'un seul projet. Par contre, elle l'est moins lorsqu'il s'agit de choisir entre plusieurs projets mutuellement exclusifs.

Plusieurs projets mutuellement exclusifs

Entre deux projets mutuellement exclusifs, il convient de retenir celui qui présente le TIR le plus élevé.

Dans ce cas, les critères de la VAN et du TIR peuvent conduire à des décisions divergentes, notamment lorsque les projets ne sont pas de même taille ou de même durée de vie, ou lorsque l'échelonnement des flux dans le temps est différent. C'est pourquoi il est difficile de prendre une décision sur la base du TIR dans ces conditions. La VAN doit alors être préférée.

Exemple : comparons le projet précédemment présenté avec un projet alternatif. L'investissement initial est dans les deux cas de 400KF. Les flux sont les suivants :

Années	0	1	2	3	4
Projet X	– 400	170	140	130	120
Projet Y	– 400	30	80	180	340

	X	Y
VAN	49,8	60,8
TIR	16 %	14,94 %

Il y a donc conflit entre les deux critères de décision : la valeur actuelle nette conduit à privilégier le projet Y tandis que le taux interne de rentabilité donne la préférence au projet X. Le graphique 4.2. illustre ce conflit. Il met en évidence le taux d'indifférence entre les deux projets : c'est le taux d'actualisation pour lequel les valeurs actuelles nettes des deux investissements sont égales. Dans notre exemple, le taux d'indifférence est de 12,66 %. Pour un taux d'actualisation inférieur à 12,66 %, la VAN privilégie le projet Y (c'est le cas du taux de 10 % retenu) ; pour un taux supérieur à 12,66 %, la préférence est donnée au projet X. Or les taux internes sont supérieurs à 12,66 %, et ceci explique pourquoi le TIR favorise le projet X.

Note : calcul du taux d'indifférence

Ce taux est le taux interne de la suite des différences de flux générés par les deux projets. Ainsi, dans l'exemple précédent :

Taux d'indifférence : 12,66 %.

Années	0	1	2	3	4
Projet X	– 400	170	140	130	120
Projet Y	– 400	30	80	180	340
Différence X – Y	0	140	60	– 50	– 220

GRAPHIQUE 4.2.

Les conflits entre les critères de choix d'investissement

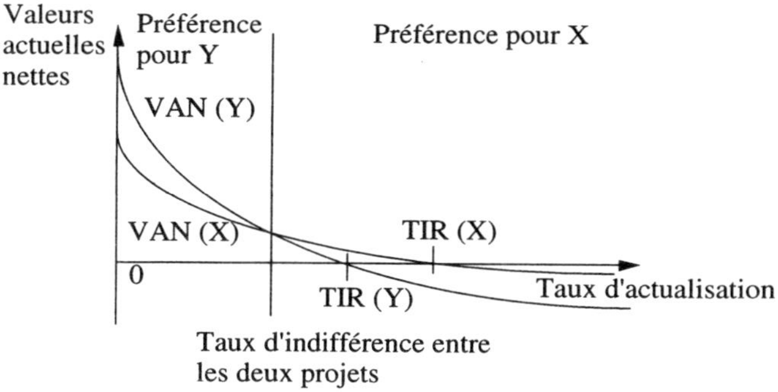

4. LES PROJETS D'INVESTISSEMENT RENOUVELABLES

Il peut arriver que l'horizon d'étude d'un investissement dépasse sa durée de vie, et que l'on envisage son renouvellement.

Exemple : une entreprise étudie deux solutions pour fabriquer un même produit pendant une période de douze ans.
La première machine M a une durée de vie de trois ans, et devrait être renouvelée quatre fois ; elle coûte un million de francs et génère des flux de liquidités de 450 KF pendant trois ans.
La seconde machine N a une durée de vie de quatre ans et devrait être renouvelée trois fois. Son coût initial est de 1,6 million de francs, et les flux annuels sont de 550 KF pendant 4 ans.
Les valeurs actuelles nettes pour une machine sont les suivantes (en KF), pour un taux d'actualisation de 10 % :

$$\text{VAN}\,(\text{M}) = 450\frac{1-(1,1)^{-3}}{0,1} - 1\,000 = 119,08$$

$$\text{VAN}\,(\text{N}) = 550\frac{1-(1,1)^{-4}}{0,1} - 1\,600 = 143,43$$

La valeur actuelle nette du projet N est supérieure à celle du projet M. Mais ces données ne permettent pas la comparaison entre les deux investissements sur la totalité de la période de 12 ans. Chaque projet, étant reproduit à l'identique à la fin de sa durée de vie, va générer une valeur actuelle nette identique à la première à la date du renouvellement. Le tableau suivant illustre ce fait (I est le montant de l'investissement initial) :

Années	0	1	2	3	4	5	6	7	8	9	10	11	12
Projet M													
I VAN	– 1 000 119,1			– 1 000 119,1			– 1 000 119,1			– 1 000 119,1			
Projet N													
I VAN	– 1 600 143,4				– 1 600 143,4				– 1 600 143,4				

Il suffit ainsi d'actualiser les valeurs actuelles successives pour aboutir à la VAN totale sur les 12 ans.
VAN totale M = 119,08 + 119,08 $(1 + r)^{-3}$ + 119,08 $(1 + r)^{-6}$ +119,08 $(1 + r)^{-9}$
VAN totale M = 326,27 KF
VAN totale N = 143,43 + 143,43 $(1 + r)^{-4}$ + 143,43 $(1 + r)^{-8}$
VAN totale N = 308,31 KF

Ainsi, si l'on retient toute la période, la valeur actuelle nette du projet M est supérieure à celle du projet N ; c'est ainsi le projet M qu'il faut retenir, parce que c'est le plus rentable sur la période considérée et alors même que sa valeur actuelle nette simple est inférieure à celle de N.

Formalisation

Soient : V la valeur actuelle nette simple du projet ;

J le nombre de renouvellements du projet sur la période totale considérée ;

T la durée de vie du projet (non renouvelé)

$$\text{VAN totale} = V + V\sum_{p=1}^{J-1}(1+K)^{-p}$$

$$\text{où } K = (1+r)^{T} - 1$$

Dans l'exemple précédent, K (M) = $(1{,}1)^3 - 1 = 33{,}1$ % et K(N) = $(1{,}1)^4 - 1 = 46{,}4$ %. Ainsi :

$$\text{VAN totale (M)} = 119{,}08 + 119{,}08\frac{1-(1{,}331)^{-3}}{0{,}331} = 326{,}27$$

et $$\text{VAN totale (N)} = 143{,}43 + 143{,}43\frac{1-(1{,}464)^{-2}}{0{,}464} = 308{,}31$$

Lorsqu'un projet est renouvelé à l'infini, sa valeur actuelle totale correspond à la limite lorsque J tend vers l'infini de l'expression précédente (voir chapitre II) :

$$\text{VAN totale} = V + \frac{V}{K}$$

Reprenons les exemples des projets M et N. Supposons que ces deux projets sont renouvelés à l'infini :

$$\text{VAN totale (M)} = 119{,}08 + \frac{119{,}08}{0{,}331} = 478{,}84$$

$$\text{VAN totale (N)} = 143{,}43 + \frac{143{,}43}{0{,}464} = 452{,}55$$

La préférence reste au projet M. Le fait de considérer un horizon infini ne modifie pas les conclusions précédentes.

EXERCICES

Les flux de trésorerie sont toujours supposés dégagés en fin de période.

Enoncé

1. Une entreprise est amenée à choisir entre les deux projets d'investissement A et B dont les caractéristiques sont les suivantes :

Investissement initial : identique pour les deux projets, 1 000.

Flux nets annuels de trésorerie :

– projet A : pendant cinq ans, 400 par an ;

– projet B : 100 ; 200 ; 300 ; 800 ; 900.

Taux d'actualisation : 11 %.

a. Calculez la valeur actuelle nette des projets.

b. Tracez les courbes des valeurs actuelles nettes en fonction des taux d'actualisation.

c. Déterminez les taux internes de rentabilité.

d. Quel projet faut-il retenir ? Votre réponse serait-elle la même si le taux d'actualisation passait à 20 % ? Pourquoi ?

e. Calculez le taux d'indifférence entre les deux projets. Concluez.

Corrigé

a. $$\text{VAN (A)} = 400\left(\frac{1-(1{,}11)^{-5}}{0{,}11}\right) - 1\,000 = 478{,}36$$

VAN (B) = 532,86

La VAN conduit à privilégier le projet B.

b. Le graphique 4.3. donne les VAN en fonction des taux d'actualisation.

GRAPHIQUE 4.3.

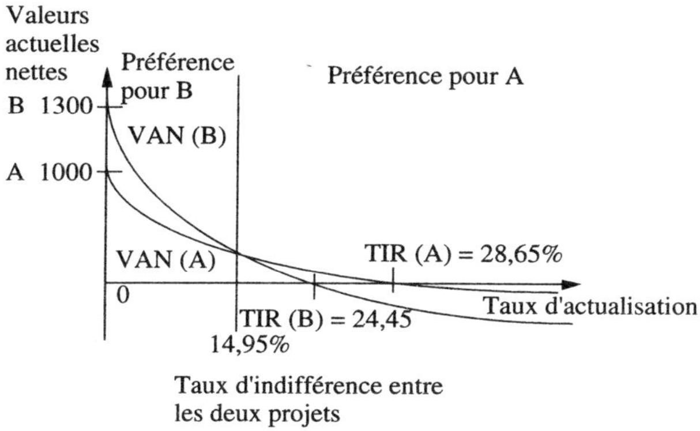

c. Le taux interne de rentabilité correspond au taux d'actualisation qui annule la valeur actuelle nette.
TIR (A) = 28,65 %
TIR (B) = 24,45 %
Selon ce critère, c'est le projet A qui doit être retenu.
d. On est en présence d'un conflit de critères : la VAN conduit à choisir le projet B, tandis que le TIR privilégie le projet A. Dans ce cas, il est toujours préférable de prendre une décision sur la base de la VAN : projet B.
Si le taux d'actualisation passe à 20 %, le choix du projet A s'impose immédiatement : VAN (A) = 196 ; VAN (B) = 143. Il n'y a plus de conflit de critères. En effet, le taux de 20 % est supérieur au taux d'indifférence entre les deux projets.
e. Le taux d'indifférence est le taux d'actualisation pour lequel les deux valeurs actuelles nettes sont égales.

VAN (A) = VAN (B)

Les différences des flux (A – B) sont :

300 ; 200 ; 100 ; – 400 ; – 500

La dépense initiale est identique pour les deux projets.
Le taux d'indifférence est le taux interne de la série des différences : 14,95 %.
Dès lors que le taux d'actualisation est supérieur au taux d'indifférence, les deux critères VAN et TIR fournissent un classement identique. Par contre, pour un taux d'actualisation inférieur au taux d'indifférence, les deux critères donnent un classement divergent.

Enoncé

2. L'entreprise Ribon envisage d'acquérir une nouvelle machine. La dépense initiale est 333 600 F et la durée de vie de la machine est de quatre ans. Les flux de trésorerie sont les suivants (en milliers de francs) : 79 ; 120 ; 174 ; 174.

On peut estimer la valeur résiduelle nette de la machine à la fin des quatre ans à 30 000 F. Le taux d'actualisation à retenir est 8 %.

a. Calculez la valeur actuelle nette du projet X. Faut-il le retenir ?

b. Un projet alternatif Y coûterait 350 000 F à l'entreprise, et générerait des flux progressant de 10 % par an pendant quatre ans ; le premier étant de 110 000 F. La valeur résiduelle à la fin de la période est nulle. Sur la base de la valeur actuelle nette, faut-il le préférer au projet X ?

c. Quel taux de croissance annuel des flux du projet Y serait nécessaire pour que la VAN du projet Y soit égale à celle du projet X ?

Corrigé

a. (en milliers de francs)

Le flux de la dernière période doit être augmenté de 30 : 174 + 30 = 204.

Au taux de 8 %, la VAN est : 130,5. Le projet peut être retenu.

b. $$\text{VAN} = \frac{A}{(1+r)^n}\,\frac{(1+r)^n - q^n}{1+r-q} - I \quad \text{(i)}$$

où A = 110 ; r = 8 % ; q = 1,1 ; n = 4 ; I = 350

VAN = 68,86

Ainsi, le premier projet est préférable.

c. A partir de l'équation (i), on trouve par approximation q = 1,2. Le taux de croissance des flux doit ainsi être de 20 % par an pour que les deux projets soient équivalents.

Enoncé

3. Une entreprise se voit proposer un projet caractérisé par les flux suivants :

Années	0	1 à 7	8
Flux	– 1 000	400	– 1 800

Le flux négatif de la dernière année résulte de l'obligation pour l'entreprise d'entreprendre, à la fin du projet, d'importants travaux de remise en état du site sur lequel le projet est établi.

a. Tracez la courbe des valeurs actuelles nettes en fonction du taux d'actualisation.

b. Calculez les taux internes de rentabilité.

Corrigé

a. La valeur actuelle nette à la date 0 est :

$$VAN = \sum_{p=1}^{n} A_p(1+r)^{-p} - I = \sum_{p=1}^{7} 400(1+r)^{-p} - 1\,800(1+r)^{-8} - 1\,000$$

Les VAN en fonction des taux d'actualisation retenus sont les suivantes :

Taux (en %)	VAN
0	0
5	96,2
10	107,6
15	75,7
20	23,2
25	– 37,53
30	– 99,8
50	– 317,1

La courbe des VAN en fonction des taux d'actualisation est donnée par le graphique 4.4. :

GRAPHIQUE 4.4.

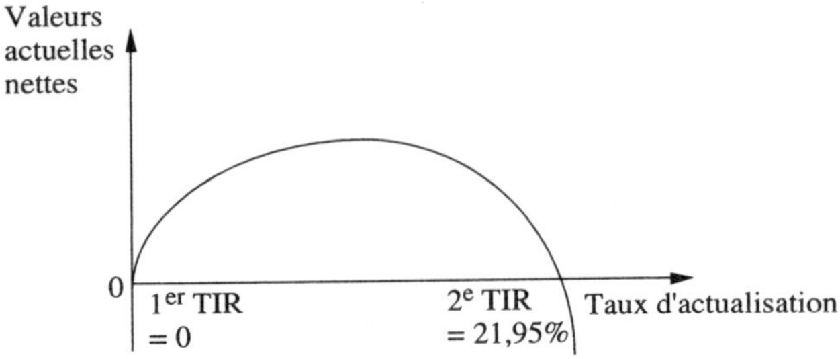

b. Le taux interne est le taux d'actualisation x qui annule la VAN :

$$VAN = \sum_{p=1}^{n} A_p(1+x)^{-p} - I = 0$$

c'est-à-dire :

$$\sum_{p=1}^{7} 400(1+x)^{-p} - 1\,800(1+x)^{-8} - 1\,000 = 0$$

Il apparaît sur le graphique précédent que ce projet présente deux taux d'actualisation annulant la VAN ; le premier TIR est immédiat : c'est 0. Le second se situe entre 20 et 25 % ; il est plus précisément de 21,953 %.
L'interprétation des TIR est difficile dès lors qu'ils sont multiples.
La décision doit alors être prise à l'aide de la VAN.

Enoncé

4. Une entreprise hésite entre deux machines dont les caractéristiques sont les suivantes :

– pour X : un coût initial de 1,9 million de francs, une durée de vie de 8 ans, des flux de trésorerie annuels de 400 000 F.

– pour Y : un coût initial de 1,2 million de francs, une durée de vie de 4 ans, des flux de trésorerie annuels de 420 000 F.

La machine Y pourrait être renouvelée à la fin des quatre ans, de manière à considérer un horizon commun de huit ans.

Comparez ces deux investissements pour un taux d'actualisation de 12 %.

Corrigé

Au taux de 12 %, les valeurs actuelles nettes simples sont les suivantes :
VAN (X) = 87 050 (sur 8 ans)
VAN (Y) = 75 690 (sur 4 ans)
Pour comparer valablement les deux projets, il convient ici de considérer un horizon commun de 8 ans. Le projet Y doit alors être renouvelé au bout de quatre ans. Les flux sont ainsi les suivants (en milliers de francs) :

– 1 200 ; 420 ; 420 ; 420 ; 420 – 1 200 = – 780 ;
420 ; 420 ; 420 ; 420

VAN totale = V + V $(1 + r)^{-4}$
où V est la VAN simple.
VAN totale (Y) = 75,69 $[1 + (1 + r)^{-4}]$ = 123,79
Ainsi si l'on considère un horizon de 8 ans, c'est le projet Y qui dégage la VAN la plus importante, et doit donc être retenu.

CHAPITRE V

Mathématiques financières en temps continu

Les chapitres précédents ont étudié des situations financières pour lesquelles les calculs sont effectués par périodes : valeur acquise d'un capital après n années (chapitre I), ou remboursement mensuel d'un emprunt (chapitre III), par exemple.

Il est nécessaire, dans certains cas, de considérer des périodes qui ne sont pas de l'ordre de l'année ou du mois, mais de la journée, de l'heure, ou de la seconde. Par exemple un certain nombre de titres financiers sont cotés de façon continue durant les séances boursières.

Nous allons donc nous intéresser dans ce chapitre aux modèles en temps continu, qui conduisent à des formules et des calculs plus simples que ceux étudiés dans les chapitres précédents, et peuvent s'adapter à des situations plus diverses.

1. LA NOTION DE TEMPS CONTINU EN MATHÉMATIQUES FINANCIÈRES

Considérons un capital V_0 placé au taux annuel r. Lorsque l'année est divisée en k périodes, nous avons défini le taux équivalent r_k, tel qu'en composant les capitaux acquis sur chacune des k périodes, on obtienne le même intérêt $V_0 r$ que celui produit par le capital V_0 pendant un an au taux r.

Nous avons vu (chapitre I) que r_k est défini par la relation :

$$(1 + r_k)^k = 1 + r \qquad (5.1.)$$

Les valeurs de k les plus usuelles sont k = 2 (semestre), k = 4 (trimestre), et k = 12 (périodes mensuelles).

La durée de chaque période, mesurée en fraction d'année, est $\frac{1}{k}$. Pour une périodicité journalière, on aura $k = 360$, et la durée d'une journée est alors $\frac{1}{360}$, en fraction d'année.

Le taux équivalent r_k est évidemment fonction de k ; jusqu'à présent, nous avons envisagé pour k uniquement des valeurs finies (2, 4, 12, 360) ; les calculs – de valeur acquise, par exemple – sont effectués à des temps bien isolés les uns des autres (chaque jour, chaque mois) : on dit qu'il s'agit d'un modèle mathématique **en temps discret.**

Travailler en **temps continu** revient à considérer que le nombre k de périodes devient indéfiniment grand, ou, ce qui revient au même, que la durée de chaque période est aussi petite que l'on veut. Nous allons devoir recourir à la notion mathématique de limite pour définir le modèle mathématique financier en temps continu.

2. LE TAUX ANNUEL CONTINU ÉQUIVALENT

On sait d'après l'inégalité de Bernouilli (voir annexe B1) que :

$$(1 + r_k)^k > 1 + k\, r_k$$

d'où $1 + k\, r_k < 1 + r$, et après un calcul simple, on obtient l'inégalité :

$$0 < r_k < \frac{r}{k}$$

Il en résulte que $\lim\limits_{k \to \infty} r_k = 0$.

D'autre part en utilisant le logarithme népérien dans (5.1.), on a :

$$\ln(1 + r) = \ln(1 + r_k)^k = k \ln(1 + r_k)$$

et puisque $\lim\limits_{k \to \infty} r_k = 0$, $\ln(1 + r_k)$ est équivalent à r_k (annexe C3), c'est-à-dire : $\ln(1 + r_k) \sim r_k$

d'où : $\ln(1 + r) \sim k\, r_k$

et enfin :

$$\frac{\ln(1+r)}{k} \sim r_k \text{ lorsque k est grand} \qquad (5.2.)$$

Or r_k est le taux équivalent à r pour une période de durée $\frac{1}{k}$. Lorsque k est très grand (tend vers l'infini), l'équivalence (5.2.) montre que $\frac{1}{k}\ln(1+r)$ est le taux équivalent à r pour une période de durée $\frac{1}{k}$.

On pose j = ln (1 + r), et on note habituellement par dt la durée "infinitésimale" $\frac{1}{k}$ (c'est-à-dire, qui tend vers 0 quand k tend vers l'infini).

Avec ces notations :

> Le réel j défini par :
>
> $$j = \ln(1 + r) \quad \text{où} \quad e^j = 1 + r \qquad (5.3)$$
>
> est appelé le **taux annuel continu,**
>
> et j dt est le taux équivalent à r pour une période de durée dt infiniment petite.

Enfin il résulte de l'inégalité ln (1 + x) ≤ x pour tout x > 0 (annexe C1 (6)) que j ≤ r : le taux annuel continu est inférieur au taux annuel.

3. COMPOSITION DES INTÉRÊTS EN TEMPS CONTINU

Notons v(t) le capital acquis à l'instant t, avec $v(0) = V_0$.

A l'instant t, les intérêts produits pendant un temps dt sont :

dv = v(t)· j dt, relation qui peut s'écrire aussi $\frac{dv}{dt} = v(t)\,j$ ou encore v'(t) = v(t) j ; et enfin $\frac{v'(t)}{v(t)} = j$.

La résolution de cette équation différentielle est donnée en annexe C2 ; on obtient :

$$v(t) = V_0 e^{jt} \qquad (5.4.)$$

L'intérêt de la formule (5.4.) est de pouvoir s'appliquer à toute durée, exprimée en année ou fraction d'année.

Remarquons qu'en choisissant t = n années, on aura :

$$v(n) = V_0\, e^{jn} = V_0(e^j)^n = V_0\,(1 + r)^n = V_n,$$

autrement dit v(n) est le capital V_n acquis au bout de n années en temps discret et on a :

$$V_0 e^{jn} = V_0(1+r)^n \qquad (5.5.)$$

Remarque. Dans certains cas, il pourra être plus judicieux d'utiliser le mois (respectivement le jour) comme unité de temps ; si r est un taux mensuel (respectivement journalier), j = ln(1 + r) est alors le taux mensuel continu (respectivement journalier continu).

Exemples :

1) Un capital de 10 000 est placé au taux annuel de 12 %. On admettra ici que la capitalisation est continue. Le taux annuel continu est alors :

$$j = \ln 1{,}12 = 0{,}1133 \text{ soit } j = 11{,}33\ \%$$

Le capital acquis après 2 ans 5 mois et 10 jours sera le capital à l'instant

$$t = 2 + \frac{5}{12} + \frac{10}{360} = \frac{88}{36}$$

c'est-à-dire :

$$v\left(\frac{88}{36}\right) = 10\ 000\ e^{\frac{88}{36}0{,}1133} = 13\ 191$$

2) Avec les mêmes hypothèses, déterminons la durée de placement au terme de laquelle le capital acquis sera de 15 000. Il s'agit de déterminer t tel que :

$$v\ (t) = 10\ 000\ e^{jt} = 15\ 000 \text{ d'où } e^{jt} = 1{,}5$$

En utilisant la fonction logarithme, on obtient :

$$jt = \ln(1{,}5)$$

donc : $t = \dfrac{\ln 1{,}5}{\ln j} = \dfrac{\ln 1{,}5}{\ln 1{,}12} = 3{,}577$ soit 3 années, 6 mois et 28 jours.

4. CALCUL DES ANNUITÉS EN TEMPS CONTINU

Nous avons vu au chapitre II que la valeur acquise V_n de n flux de trésorerie d'un montant A_p à la période p, au taux d'intérêt composé r, est donnée par la formule :

$$V_n = \sum_{p=1}^{n} A_p(1+r)^{n-p} \qquad (5.6.)$$

Nous avons vu aussi des simplifications de cette formule dans quelques cas particuliers (flux de trésorerie constants, ou en progression arithmétique ou géométrique).

Nous allons maintenant déterminer la valeur acquise, en supposant que le flux de trésorerie est continu. Nous ne donnerons pas ici une démonstration technique de cette formule ; nous chercherons plutôt à comprendre, sur un exemple et à l'aide d'une interprétation graphique, pourquoi la somme des termes qui figure dans la formule (5.6.) est remplacée, en temps continu, par une intégrale.

4.1. Flux de trésorerie constants

Un particulier verse 3 000 le premier jour de chaque mois au taux annuel de 7 %, pendant 3 ans (soit 36 mois de 30 jours). Le premier versement est effectué au mois n = 1, et le dernier au mois n = 36. Le taux mensuel équivalent est :

$$r_{12} = (1 + r)^{1/12} - 1 = 0{,}5654\ \%$$

Dans ce qui suit, l'unité de temps sera le mois.

Le premier versement A_1 est placé pendant 35 mois au taux r_{12} et sa valeur acquise est $A'_1 = 3\ 000\ (1 + r_{12})^{35} = 3\ 654$. Dans un repère, nous allons représenter A'_1 par l'aire d'un rectangle dont la base est le premier mois.

Le deuxième versement A_2 est placé pendant 34 mois au taux r_{12} et produit une valeur acquise $A'_2 = 3\ 000\ (1 + r_{12})^{34} = 3\ 633$, représentée par l'aire d'un rectangle dont la base est le deuxième mois, et ainsi de suite (graphique 5.1.).

GRAPHIQUE 5.1.

Représentation par rectangles de la valeur acquise pour des flux constants mensuels

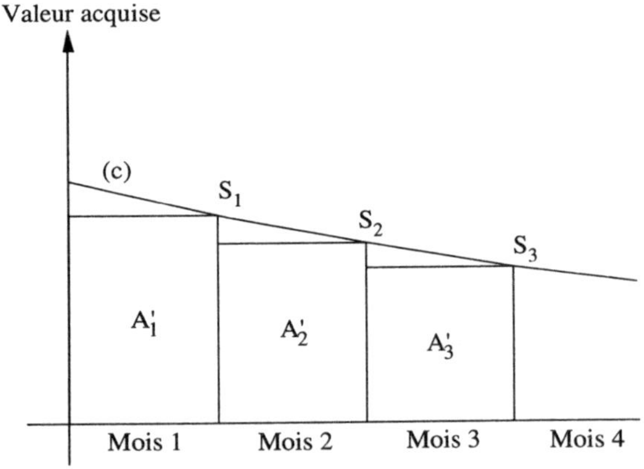

La valeur acquise totale des 36 mensualités est alors égale à la somme des aires des rectangles.

Désignons par S_1, S_2, S_3 etc., le sommet supérieur droit de chaque rectangle. Tous les points S_k sont sur la courbe (C) représentative de la fonction : $t \to 3\,000\,(1 + r_{12})^{36-t}$.

Si nous désignons par j' le taux mensuel continu, nous aurons : $3\,000\,(1 + r_{12})^{36-t} = 3\,000\,(e^{j'})^{(36-t)} = 3\,000\, e^{j'(36-t)}$ de sorte que (C) est la courbe de la fonction : $t \to 3\,000\, e^{j'(36-t)}$.

Si nous supposons maintenant que les versements sont journaliers, d'un montant de 100, nous obtiendrons de nouveau une représentation graphique comportant 30 petits rectangles par mois, dont tous les sommets supérieurs droits sont sur la courbe (C). La valeur acquise totale de tous ces versements journaliers est la somme des aires des rectangles.

A ce stade de l'exemple, tout lecteur aura reconnu la même démarche que celle qui conduit au calcul de la valeur approchée d'une intégrale par la méthode des rectangles, et le lecteur plus familier avec les théories mathématiques de l'intégrale fera sans difficulté le lien avec la définition de l'intégrale par les sommes de Riemann.

Dans le modèle continu, nous considérons des versements effectués par périodes de durée dt, d'un montant de 3000 dt, lorsque dt tend vers 0. A la limite, quand dt tend vers 0, l'aire totale des rectangles envisagés ci-dessus est l'aire délimitée par la courbe (C), les axes de coordonnées, et la droite t = 36.

La valeur acquise s'exprime donc à l'aide de l'intégrale :

$$V_{36} = \int_0^{36} 3\ 000\ e^{j'(36-t)}dt$$

Or une primitive de $t \to e^{j'(36-t)}$ est $t \to -\frac{1}{j'}e^{j'(36-t)}$ de sorte que :

$$V_{36} = 3\ 000\left(-\frac{1}{j'}e^{j'(36-t)}\right)_0^{36} = 3\ 000\frac{e^{36j'}-1}{j'}$$

formule qui a le mérite de la simplicité par rapport à la formule du modèle discret.

On obtient V_{36} = 119 744, valeur voisine de celle obtenue par 36 mensualités constantes de 3 000 francs, soit 119 404, mais légèrement supérieure, ainsi que le graphique 5.1. pouvait le laisser prévoir.

La valeur actuelle s'obtient en fonction de la valeur acquise d'une manière analogue au cas discret (chapitre II, formule 2.4.) :

$$V_0 = \frac{V_{36}}{\left(e^{j'}\right)^{36}} = 3\ 000\ \frac{e^{36}j'-1}{j'e^{36j'}} = 3\ 000\frac{1-e^{-36j'}}{j'} = 97\ 746$$

Compte tenu des résultats de l'exemple précédemment étudié, nous admettrons sans autre démonstration la formule de la valeur acquise dans le cas général :

> Une unité de temps étant choisie (année, mois, jour, etc.), désignons par A le montant constant versé par unité de temps, au taux équivalent continu j, à partir de l'instant t = 0, pendant une durée T.
>
> **La valeur acquise à l'instant T est** :
>
> $$v(T) = A\int_0^T e^{j(T-t)}\ dt = Ae^{jT}\int_0^T e^{-jt}\ dt \qquad (5.7.)$$
>
> **et la valeur actuelle est** :
>
> $$v(0) = A\int_0^T e^{-jt}\ dt \qquad (5.8.)$$

4.2. Flux de trésorerie quelconques

Nous avons supposé précédemment un flux de trésorerie constant : à chaque instant t, le flux de versement pendant une durée dt est le même : A dt. L'un des intérêts du modèle continu est la facilité avec laquelle il est possible d'étudier le cas d'un flux de versement qui varie dans le temps. Le flux constant par unité de temps A est maintenant remplacé par une fonction du temps t, notée a (t) : le flux de versement pendant une durée dt, à l'instant t, est donc a (t) dt, et a (t) est le quotient :

$$a(t) = \frac{\text{flux à l'instant t pendant le temps dt}}{dt}$$

La fonction a sera appelée fonction de densité du flux.
et le versement total entre les instants t = 0 et t = T est :

$$\int_0^T a(t)\,dt \qquad (5.9.)$$

Supposons donc maintenant qu'un flux continu de fonction de densité a soit placé pendant une durée T au taux continu j.

A l'instant t et pendant une durée dt, le flux a(t) dt a pour valeur acquise :

$$a(t)\, e^{j(T-t)}\, dt$$

Le raisonnement qui a été développé dans le cas d'un flux constant s'applique encore, et la valeur acquise par ce flux entre les instants t = 0 et t = T s'obtient en intégrant l'expression précédente sur l'intervalle [0, T].

Une unité de temps étant choisie (année, mois, jour, etc.), désignons par a la fonction de densité d'un flux financier, au taux continu j, à partir de l'instant t = 0, pendant une durée T.

La valeur acquise à l'instant T est :

$$v(T) = e^{jT} \int_0^T a(t) e^{-jt}\, dt \qquad (5.10.)$$

et la valeur actuelle est :

$$v(0) = \int_0^T a(t) e^{-jt}\, dt \qquad (5.11.)$$

4.3. Exemple d'un flux de densité affine

Dans le modèle discret, nous avons étudié au chapitre II l'exemple d'annuités en progression arithmétique définies par Ap = (p – 1) A + A1 où A1 est le montant de la première annuité, et A la raison de la progression. En écrivant la formule précédente sous la forme Ap = p A + (A1 – A), il est clair que l'annuité Ap est une fonction affine de p.

La situation analogue du modèle continu est celle d'une fonction de densité de flux affine : a (t) = α t + β. La valeur acquise par un tel flux, au taux continu j, (dans l'unité de temps choisie), entre les instants t = 0 et t = T, sera donc :

$$v(T) = e^{jT} \int_0^T (\alpha\ t + \beta) e^{-jt}\, dt \qquad (5.12.)$$

et la valeur actuelle est :

$$v(0) = \int_0^T (\alpha\ t + \beta) e^{-jt}\, dt \qquad (5.13.)$$

Nous allons calculer v (0) et v (T) à l'aide d'une intégration par parties.

$$\int_0^T (\alpha\ t + \beta) e^{-jt}\, dt = \left[\frac{-1}{j} (\alpha\ t + \beta) e^{-jt} \right]_0^T - \int_0^T -\frac{1}{j} \alpha\ e^{-jt}\, dt$$

$$= \left[\frac{-1}{j} (\alpha\ t + \beta) e^{-jt} - \frac{\alpha}{j^2} e^{-jt} \right]_0^T$$

d'où, après multiplication par e^{jT} et calcul du crochet :

$$v(T) = \frac{-1}{j} \left((\alpha\ T + \beta) + \frac{\alpha}{j} \right) - e^{jT} \left(\frac{-1}{j} \beta - \frac{\alpha}{j^2} \right)$$

et enfin après des calculs algébriques simples :

Pour un flux de densité affine définie par a (t) = α t + β et avec un taux continu j dans l'unité de temps choisie, la valeur acquise à l'instant T est :

$$v(T) = \left(\beta + \frac{\alpha}{j} \right) \left(\frac{e^{jT} - 1}{j} \right) - \frac{\alpha T}{j} \qquad (5.14.)$$

et la valeur actuelle est :

$$v(0) = \left(\beta + \frac{\alpha}{j} + \alpha T \right) \left(\frac{1 - e^{jT}}{j} \right) - \frac{\alpha T}{j} \qquad (5.15.)$$

On notera l'analogie de la formule (5.14.) avec celle obtenue dans le cas d'annuités en progression arithmétique du cas discret :

$$V_n = \left(A_1 + \frac{A}{r} \right) \left(\frac{(1+r)^n - 1}{r} \right) - \frac{nA}{r}$$

Exemple : une entreprise commercialise un produit de grande diffusion et estime que la quantité vendue chaque jour augmentera linéairement de 2 000 à 9 280 (en milliers d'unités) entre le 1er janvier et le 31 décembre de l'année 1994. Le bénéfice réalisé, de 1 F par unité, est placé au jour le jour sur un compte rémunéré à 6 %. On considérera une année de 365 jours.

Quelle est la valeur acquise au 31 décembre 1994 ?

1) Cette situation peut être traitée en modèle discret, en considérant des versements au jour le jour. On a alors $A_1 = 2\ 000$ et $A_{365} = 9\ 280$, d'où l'on déduit que la raison de la progression arithmétique est A = 20.

En appelant r le taux équivalent journalier tel que $(1 + r)^{365} = 1{,}06$ et en utilisant la formule rappelée ci-dessus, le lecteur vérifiera que la valeur acquise à la fin de l'année est $V_{365} = 2\ 106{,}295$ millions de francs.

2) Nous allons maintenant déterminer la valeur acquise à l'aide du modèle en temps continu. Choisissons le jour comme unité de temps et désignons par a(t) la densité de flux (flux par unité de temps).

Par hypothèse la fonction de densité est définie par $a(t) = \alpha\, t + \beta$; et nous allons déterminer les coefficients α et β de façon que le versement total le premier jour (entre les instants t = 0 et t = 1) soit $A_1 = 2\ 000$, et que le versement total sur toute l'année (entre les instants t = 0 et t = 365) soit identique à celui obtenu par le modèle discret, c'est-à-dire :

$$365 \frac{A_1 + A_{365}}{2} = 365 \times 5\ 640$$

En vertu de (5.9.), les conditions imposées pour a(t) se traduisent par les égalités suivantes :

$$\int_0^1 (\alpha\ t + \beta)\ dt = \left[\frac{1}{2} \alpha\ t^2 + \beta\ t \right]_0^1 = \frac{1}{2} \alpha + \beta = 2\ 000$$

et :

$$\int_0^{365} (\alpha\ t + \beta)\ dt = \left[\frac{1}{2}\alpha\ t^2 + \beta\ t\right]_0^{365} = \frac{1}{2}\alpha\ 352^2 + \beta\ 365$$
$$= 2\ 000 \times 365$$

La résolution de ce système d'équations en α et β donne α = 20 et β = 1 990 d'où :

$$a\ (t) = 20\ t + 1\ 990$$

Le lecteur remarquera que $a\left(p - \frac{1}{2}\right) = A_p$ pour tout entier p ≥ 1 et pourra chercher à interpréter graphiquement cette relation.

Enfin le taux continu journalier est défini par $j = \frac{1}{365}$ ln 1,06 et la valeur acquise s'obtient en appliquant (5.14.), d'où :

$$v\ (365) = 2\ 106{,}463 \text{ millions de francs}$$

valeur proche de celle trouvée avec le modèle discret, et très légèrement supérieure.

4.4. Exemple d'un flux de densité exponentiel

Dans le modèle discret, nous avons étudié au chapitre II l'exemple d'annuités en progression géométrique définies par $A_p = A_1\ q^{p-1}$ où A_1 est le montant de la première annuité, et q la raison de la progression.

La situation analogue du modèle continu est celle d'une fonction de densité de flux exponentielle : $a(t) = \alpha\ e^{mt}$.

La valeur acquise par un tel flux, au taux continu j, (dans l'unité de temps choisie), entre les instants t = 0 et t = T, sera donc :

$$v(T) = \alpha\ e^{jT} \int_0^T e^{mt}\ e^{-jt}\ dt = \alpha\ e^{jT} \int_0^T e^{(m-j)t}\ dt$$

et la valeur actuelle est :

$$v(0) = \alpha \int_0^T e^{mt}\ e^{-jt}\ dt = \alpha \int_0^T e^{(m-j)t}\ dt$$

Le calcul de l'intégrale est immédiat :

$$\int_0^T e^{(m-j)t}\,dt = e^{jT}\left[\frac{1}{m-j}e^{(m-j)t}\right]_0^T = e^{jT}\,\frac{e^{(m-j)T}-1}{m-j}$$

et on a donc le résultat suivant :

Pour une fonction de densité de flux exponentielle, définie par $a(t) = \alpha\, e^{mt}$ et avec un taux continu j dans l'unité de temps choisie, la valeur acquise à l'instant T est :

$$v(T) = \alpha\frac{e^{mT}-e^{jT}}{m-j} \qquad (5.16.)$$

et la valeur actuelle :

$$v(0) = \alpha\frac{e^{(m-j)T}-1}{m-j} \qquad (5.17.)$$

On notera là encore l'analogie avec les formules obtenues dans le cas discret, et on remarquera que les calculs aboutissant à ces formules sont beaucoup plus simples dans le cas du modèle continu.

Exemple : nous reprenons l'exemple précédent (4.3.), en supposant cette fois que la quantité vendue augmente chaque jour de 0,5 %, avec une quantité initiale de 2 000 milliers d'unités. Les autres données sont inchangées et on cherche la valeur acquise au 31 décembre 1994.

1) En temps discret, les montants A_p versés sur le compte rémunéré sont en progression géométrique de raison 1,005.

On a $A_1 = 2\,000$ et $A_{365} = 12\,349$ et en appelant r le taux équivalent journalier tel que $(1 + r)^{365} = 1{,}06$, la valeur acquise en fin d'année est :

$$V_{365} = 2\,000\,\frac{1{,}005^{365}-1{,}06}{0{,}005-r} = 2\,113\,341$$

2) En temps continu la fonction de densité est définie par $a(t) = \alpha\, e^{mt}$. Nous pouvons assimiler m au taux journalier continu correspondant au taux d'augmentation de 0,5 %, donc $m = \ln(1{,}005)$, et nous allons déterminer le coefficient α de façon que le versement total sur toute l'année (entre les instants $t = 0$ et $t = 365$) soit identique à celui obtenu par le modèle discret, c'est-à-dire :

$$2\ 000\frac{1{,}005^{365}-1}{1{,}005-1}=2\ 069\ 861$$

En vertu de (5.9.), la condition imposée pour a(t) se traduit par l'égalité suivante :

$$\alpha\int_0^{365} e^{mt}\,dt=\alpha\left(\frac{1}{m}e^{mt}\right)_0^{365}=\frac{\alpha}{m}\left(e^{365m}-1\right)=2\ 069\ 861$$

d'où l'on tire $\alpha = 1\ 995$ et donc $a(t) = 1\ 995\ e^{t \ln(1{,}005)}$

D'après (5.16.) on a alors :

$$v(365)=\alpha\frac{e^{365m}-e^{365j}}{m-j}=1995\frac{6{,}17-1{,}06}{\ln(1{,}005)-(1/365)\ln(1{,}06)}$$
$$=2\ 113\ 509$$

résultat comparable et légèrement supérieur à la valeur obtenue dans le modèle discret (les calculs doivent être effectués en conservant les valeurs avec toutes les décimales données par la calculatrice, aussi bien pour m, j, que α).

ANNEXE A

Les tables financières

Ce sont des tableaux à double entrée qui donnent, pour différentes valeurs du taux d'intérêt r et du nombre de flux de trésorerie n, les valeurs actuelles et acquises d'une suite d'annuités de 1 F :

1. Extrait de la table des valeurs actuelles d'une suite de flux de 1F :

$$V_0 = \frac{1-(1+r)^{-n}}{r}$$

n \ r (en %)	8	8,25	8,5	8,75	9
......	......	......	......	......	......
3	2,5770970	2,5655159	2,5540224	2,5426156	2,5312947
4	3,3121268	3,2937791	3,2755967	3,2575776	3,2397199
5	3,9927100	3,9665396	3,9406421	3,9150139	3,8896513
......	......	......	....	......	......

2. Extrait de la table donnant la valeur acquise par une suite de flux de 1F :

$$V_n = \frac{(1+r)^n - 1}{r}$$

n \ r (en %)	8	8,25	8,5	8,75	9
......	......	......	......	......	......
3	3,2464000	3,2543066	3,2622250	3,2701563	3,2781000
4	4,5061120	4,5227867	4,5395141	4,5562949	4,5731290
5	5,8666010	5,8959164	5,9253728	5,9549707	5,9847106
......	......	......	....	......	......

Rappels de mathématiques : calcul algébrique

ANNEXE B1. L'INÉGALITÉ DE BERNOUILLI

De nombreux calculs financiers font intervenir l'expression $(1 + x)^n$ dans laquelle x est un réel positif. Le développement du binôme s'écrit alors :

$$(1+x)^n = \sum_{p=0}^{n} C_n^p x^p$$

Compte tenu des valeurs de C_n^0 et C_n^1 et en remarquant que tous les coefficients du binôme sont des entiers positifs, on a :

$$(1 + x)^n = 1 + nx + \text{une somme de termes tous positifs}$$

d'où l'inégalité connue sous le nom d'inégalité de Bernouilli :

$$(1 + x)^n \geq 1 + nx \text{ pour tout entier } n \geq 1 \text{ et tout } x \geq 0$$

ANNEXE B2. SUITES ARITHMÉTIQUES

Une suite $(U_n)_{n \geq 0}$ est dite arithmétique lorsqu'il existe un réel R tel que :

$$U_{n+1} - U_n = R \text{ pour tout entier } n \geq 0 \qquad (1)$$

c'est-à-dire lorsque la différence de termes successifs de la suite reste constante. **Le réel R est appelé raison de la suite.**

La formule de récurrence (1) permet de calculer tous les termes de la suite, de proche en proche, connaissant le premier terme U_0 et la raison R.

Dans les utilisations pratiques, il est indispensable de pouvoir calculer un terme U_n de la suite sans avoir à calculer ceux qui précèdent.

La formule explicite qui permet le calcul direct de U_n en fonction de n est :

$$U_n = U_0 + n\,R \text{ pour tout entier } n \geq 0 \qquad (2)$$

Une formule simple permet également de calculer la somme :

$$S_n = \sum_{p=0}^{p=n} U_p = U_0 + U_1 + U_2 + \ldots + U_n$$

des n + 1 premiers termes de la suite.

Remarquons d'abord que, pour n fixé, et pour tout entier k compris entre 0 et n, on a :

$$\begin{aligned} U_k + U_{n-k} &= (U_0 + kR) + (U_0 + (n-k)R) \\ &= U_0 + (U_0 + nR) = U_0 + U_n \end{aligned}$$

Le calcul de S_n s'obtient alors en l'écrivant de deux façons, puis en additionnant :

$$S_n = U_0 + U_1 + U_2 + \ldots + U_n$$

$$S_n = U_n + U_{n-1} + U_{n-2} + \ldots + U_0$$

d'où : $$2\,S_n = (n+1)\,(U_0 + U_n)$$

(somme de n + 1 sommes de deux termes toutes égales à $(U_0 + U_n)$) et enfin :

$$S_n = \sum_{p=0}^{p=n} U_p = (n+1)\frac{(U_0 + U_n)}{2} \qquad (3)$$

ANNEXE B3. SUITES GÉOMÉTRIQUES

Une suite de nombres $(U_n)_{n \geq 0}$ est dite géométrique lorsqu'il existe un réel q tel que :

$$\frac{U_{n+1}}{U_n} = q \text{ pour tout entier } n \geq 0 \qquad (1)$$

c'est-à-dire lorsque le quotient de deux termes successifs de la suite reste constant. **Le réel q est appelé raison de la suite.**

La formule explicite qui permet le calcul direct de U_n en fonction de n est :

$$U_n = U_0 q^n \text{ pour tout entier } n \geq 0 \qquad (2)$$

Un calcul élémentaire est à la base de tous les calculs faisant intervenir la somme :

$$S_n = \sum_{p=0}^{p=n} U_p = U_0 + U_1 + U_2 + \ldots + U_n$$

des n + 1 premiers termes d'une suite géométrique. En effet, en développant :

$$(1 - q)(1 + q + q^2 + q^3 + \ldots + q^n)$$
$$= 1 + q + q^2 + q^3 + \ldots + q^n - q - q^2 - q^3 - \ldots - q^n - q^{n+1}$$
$$= 1 - q^{n+1}$$

d'où la formule suivante, qui revient à plusieurs reprises dans cet ouvrage :

Pour tout réel $q \neq 1$ et tout entier positif n :

$$\sum_{p=0}^{p=n} q^p = 1 + q + q^2 + q^3 + \ldots + q^n = \frac{q^{n+1} - 1}{q - 1} \qquad (3)$$

On en déduit le calcul de la somme des n + 1 premiers termes d'une suite géométrique :

$$S_n = \sum_{p=0}^{p=n} U_p = U_0 + U_1 + U_2 + \ldots + U_n = U_0 \frac{q^{n+1} - 1}{q - 1} \qquad (4)$$

Rappels de mathématiques : analyse

ANNEXE C1. LES FONCTIONS LOGARITHMES

1) La fonction **logarithme népérien** est notée ln ; elle est définie et dérivable sur]0, + ∞[et a pour dérivée la fonction inverse : $\ln' x = \frac{1}{x}$; de plus ln 1 = 0.

Rappelons les principales propriétés algébriques de la fonction ln, utiles dans les calculs financiers :

Pour tous réels a et b strictement positifs, $\ln(a\,b) = \ln a + \ln b$	(1)
et $\ln\left(\frac{a}{b}\right) = \ln a - \ln b$	(2)
En particulier : $\ln\left(\frac{1}{b}\right) = -\ln b$	(3)
Pour tout entier relatif n et tout réel a > 0 : $\ln(a^n) = n \ln a$	(4)
Plus généralement pour tout réel x et a > 0 : $\ln(a^x) = x \ln a$	(5)
Enfin on a $\ln(1 + x) \leq x$ pour tout x > 0	(6)

L'inégalité (6) s'obtient en étudiant le sens de variation de la fonction $x \to \ln(1 + x) - x$.

2) La fonction **logarithme décimal**, notée log, est définie sur]0, +∞[par :

$$\log x = \frac{\ln x}{\ln 10}$$

Elle possède exactement les mêmes propriétés algébriques (1) à (5) que ln, mais par définition log 10 = 1 ; et pour tout entier n :

$$\log 10^n = n \qquad (7)$$

Dans les calculs numériques, on peut utiliser indifféremment ln ou log.

L'utilité de la fonction logarithme dans les calculs financiers est la suivante : chaque fois qu'il y a à résoudre une équation de la forme $A^x = B$, dans laquelle A et B sont des constantes et x l'inconnue, la formule (5) permet de résoudre l'équation en prenant le logarithme de chaque membre :

$$x = \frac{\ln B}{\ln A} = \frac{\log B}{\log A}$$

ANNEXE C2. LA FONCTION EXPONENTIELLE

La fonction exponentielle, notée exp, est la bijection réciproque de la fonction logarithme népérien et est définie sur $]-\infty, +\infty[$. Ceci signifie que pour tout réel x, exp (x) est l'unique réel y positif tel que ln y = x.

La notation usuelle dans les calculs est $\exp(x) = e^x$, où e désigne l'unique réel qui vérifie ln e = 1 ($e \simeq 2{,}728$).

Les règles de calcul algébrique avec la fonction exponentielle sont les mêmes que les règles bien connues de calcul sur les puissances :

Pour tous réels a et b, on a : $e^{a+b} = e^a e^b$ (1)

et $e^{a-b} = \frac{e^a}{e^b}$ (2)

En particulier : $e^{-b} = \frac{1}{e^b}$ (3)

Enfin pour tout réel a et tout entier n : $(e^a)^n = e^{n\,a}$ (4)

Le caractère réciproque des fonctions exp et ln est fréquemment utilisé dans la résolution pratique de certaines équations :

(5) l'unique solution de l'équation ln x = A est $x = e^A$
(6) l'unique solution de l'équation $e^x = A$ est x = ln A (avec A > 0)

A noter que dans les relations (5) et (6), le signe = peut être remplacé par une inégalité stricte ou large, puisque les fonctions ln et exp sont croissantes.

Enfin dans les modèles financiers continus, nous utilisons également le résultat suivant :

> Les solutions de l'équation différentielle du premier ordre $f' - C\,f = 0$, ou, ce qui revient au même : $\frac{f'}{f} = C$ (C réel donné) sont les fonctions définies par :
>
> $f(x) = K\,e^{C\,x}$ avec K constante positive (7)

En effet le quotient f'/f est la dérivée logarithmique de f, c'est-à-dire la dérivée de ln(f(x)), et C a pour primitive toute fonction $x \to Cx + K'$, où K' est une constante ; on en déduit : $\ln(f(x)) = Cx + K'$ et donc $f(x) = e^{Cx + K'} = e^{K'}\,e^{Cx} = K\,e^{Cx}$, où l'on a posé $K = e^{K'}$.

ANNEXE C3. LES FONCTIONS ÉQUIVALENTES

> Deux fonctions f et g, définies sur un même intervalle $]a, +\infty[$ sont dites équivalentes en $+\infty$ (respectivement en a) lorsque :
>
> $$\lim_{x\to\infty} \frac{f(x)}{g(x)} = 1 \quad \left(\text{respectivement } \lim_{x\to a} \frac{f(x)}{g(x)} = 1\right)$$
>
> On écrit alors : $f(x) \sim g(x)$ au voisinage de $+\infty$ (respectivement en a).

L'intérêt de la notion d'équivalence est de ramener l'étude du comportement d'une certaine fonction f, en $+\infty$ (ou en a), au cas d'une fonction plus simple g.

Il est par exemple bien connu qu'une fonction polynôme est équivalente en $+\infty$ à son terme de plus haut degré, ce qui permet d'obtenir facilement la limite d'une fonction polynôme en $+\infty$.

Cette notion est utile surtout dans les modèles financiers en temps continu, et nous rappelons ici les équivalences les plus importantes :

(1) $(1 + x)^n \sim 1 + n\,x$ au voisinage de 0, et pour tout entier relatif n.

(2) $\lim_{x\to 0} \frac{\ln(1+x)}{x} = 1$ donc $\ln(1+x) \sim x$ au voisinage de 0 et aussi $\ln(x) \sim x - 1$ au voisinage de 1.

(3) $\lim_{x\to 0} \frac{e^x - 1}{x} = 1$ donc $e^x - 1 \sim x$ au voisinage de 0 et aussi $e^x \sim 1 + x$ au voisinage de 0.

La résolution d'équations du type $f(x) = \lambda$

ANNEXE D1. LES BASES THÉORIQUES

La résolution d'une équation du type $f(x) = \lambda$, dans laquelle f est une fonction définie sur un intervalle [a, b] et λ un réel, repose sur **les théorèmes des valeurs intermédiaires** :

1) Lorsqu'une fonction f est continue sur un intervalle [a, b], l'équation $f(x) = \lambda$ admet au moins une solution pour tout λ compris entre f (a) et f (b).

2) Lorsque de plus f est strictement monotone (c'est-à-dire strictement croissante, ou bien strictement décroissante) sur l'intervalle, il y a unicité de la solution.

C'est le cas notamment lorsque la fonction f est dérivable, et que la fonction dérivée f' reste strictement positive ou strictement négative sur l'intervalle ouvert]a, b [.

Pour faciliter les calculs, on choisit généralement d'écrire l'équation sous la forme $f(x) = 0$, quitte à remplacer la fonction f par la fonction $f - \lambda$. Dans ce cas, les solutions de l'équation sont aussi appelées **racines de f.**

Graphiquement, les solutions de l'équation $f(x) = \lambda$ sont les abscisses des points d'intersection de la courbe (C) de la fonction f avec la droite d'équation $y = \lambda$ parallèle à l'axe (Ox). Les graphiques D1 illustrent différentes situations possibles ; il y a toujours intérêt à représenter graphiquement la fonction f (les calculatrices graphiques permettent de donner l'allure de la courbe avec une bonne précision), de façon à localiser les différentes solutions – quand il y en a plusieurs – et à choisir celle qui peut être solution du problème posé, compte tenu des conditions imposées.

GRAPHIQUES D1

Solutions de l'équation f(x) = λ

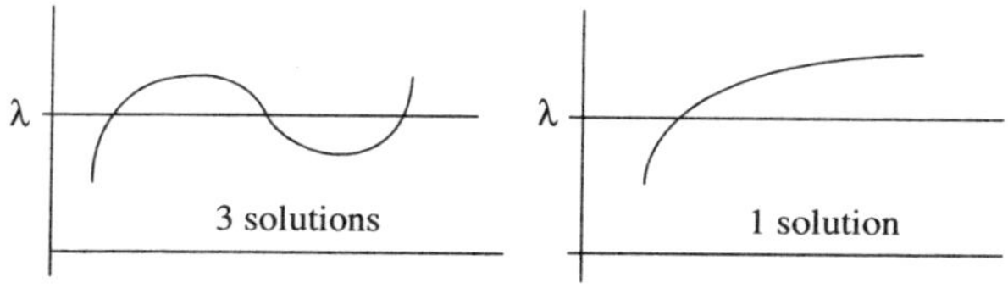

ANNEXE D2. MÉTHODES DE RÉSOLUTION À UTILISER POUR LES ÉQUATIONS f(X) = λ

Nous indiquons ici les méthodes à utiliser pour résoudre des équations f(x) = λ selon le type de calculatrice disponible.

1) *Sans calculatrice programmable*, la méthode d'interpolation linéaire (annexe D3) donne de bons résultats, quitte à recommencer deux ou trois fois successivement ; lorsque la fonction f est dérivable, la méthode de Newton est encore meilleure, mais elle nécessite d'abord le calcul littéral de la fonction dérivée de f. Nous ne la présenterons pas dans cet ouvrage, car cette méthode perd beaucoup de son intérêt dès que l'on dispose d'une calculatrice programmable.

2) *Avec une calculatrice permettant de programmer le calcul des valeurs d'une fonction* (c'est le cas des calculatrices programmables les plus simples, telles que Casio modèles 180, ou Texas modèles TI 57, 66, etc.), la méthode la plus rapide est de programmer la fonction, puis d'utiliser des essais successifs, en s'inspirant de la méthode de balayage (annexe D4).

3) *Avec une calculatrice scientifique programmable à affichage graphique*, (par exemple CASIO 7 500, 8 500, 6 800, 7 800 et Texas TI 81, 82), il y a généralement deux possibilités :

– soit utiliser le mode graphique et une manipulation d'une touche curseur jusqu'à obtenir une valeur approchée de la solution,

– soit entrer une fois pour toute un programme de recherche des solutions par une méthode d'essais successifs (dichotomie ou balayage, voir annexe D4.)

4) Avec les calculatrices programmables les plus récentes (Texas TI85, HP28, Casio 8 900…), il existe un mode “solve” qui permet directement d'obtenir les solutions.

5) *Avec les calculatrices financières*, il existe aussi un mode de résolution qui permet d'obtenir directement les solutions.

ANNEXE D3. LA MÉTHODE D'INTERPOLATION LINÉAIRE

La méthode d'interpolation linéaire permet de résoudre toute équation du type f (x) = λ, où f est une fonction et λ un réel, lorsque l'on sait déjà déterminer deux valeurs a et b telles que $f(a) \leq \lambda \leq f(b)$; ces valeurs de a et b peuvent être obtenues par exemple à l'aide d'une table financière, ou bien résulter d'essais effectués à l'aide d'une calculatrice.

Cette méthode est connue aussi sous les noms **de méthode de Lagrange, de la sécante, de la corde, ou de la "regula falsi"**. Elle s'applique à condition que f soit une fonction continue et monotone sur [a, b] (lorsque f est croissante) ou sur [b, a] (lorsque f est décroissante), et que l'arc de la courbe de f sur l'intervalle reste suffisamment proche de la corde [AB].

La valeur approchée x_0 de la solution exacte α de l'équation, est l'abscisse du point M_0 de la corde d'ordonnée λ, que l'on obtient facilement en écrivant que les droites (AM_0) et (AB) ont le même coefficient directeur, soit :

$$\frac{f(b)-f(a)}{b-a} = \frac{\lambda - f(a)}{x_0 - a}$$

d'où :

$$\boxed{x_0 = a + \left(\lambda - f(a)\right)\frac{b-a}{f(b)-f(a)}}$$

Le calcul d'un majorant de l'erreur commise $| x_0 - \alpha |$ n'entre pas dans le cadre de cet ouvrage, et nécessite généralement trop de calculs pour présenter un réel intérêt.

GRAPHIQUE D3

Résolution de l'équation f(x) = 0 par interpolation linéaire

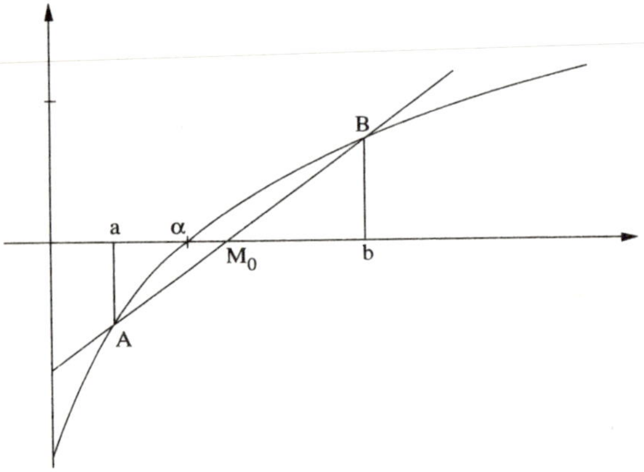

ANNEXE D4. LES MÉTHODES D'ESSAIS SUCCESSIFS

Nous présenterons les deux méthodes les plus simples, qui supposent que la solution cherchée existe bien (annexe D1), et qu'elle est déjà localisée ; autrement dit, on connaît déjà deux valeurs a et b telles que $f(a) \leq \lambda \leq f(b)$.

Nous donnerons dans chaque cas l'algorithme général de la méthode.

Méthode de dichotomie

Cette méthode consiste à situer la solution cherchée par rapport au milieu de l'intervalle initial, et à remplacer cet intervalle par un intervalle plus petit, dont la longueur est la moitié :

1) Déterminer les réels a et b tels que $f(a)\,f(b) < 0$
2) Calculer $c = \frac{a+b}{2}$
3) Si f(a) et f(c) sont de même signe, remplacer a par c, sinon remplacer b par c.
4) S'arrêter si $|b - a|$ est inférieur à la précision souhaitée, et sinon recommencer en 2).

Cette méthode est facile à programmer sur les calculatrices programmables (le programme figure dans la plupart des notices des calculatrices), ou en BASIC.
Lorsque l'on ne dispose pas de ce programme, mais seulement d'une calculatrice permettant de programmer les valeurs d'une fonction, on pourra préférer la méthode par balayage, qui est également facile à programmer :

Méthode par balayage ou pas successifs

1) Encadrer la solution α par 2 entiers consécutifs a et a + 1 ; h = 1 est la longueur de l'intervalle d'encadrement de la solution α.
2) Remplacer h par h/10 ; h est le “pas” pour les essais successifs.
3) Calculer successivement f(a + h), f(a + 2 h), f(a + 3 h), etc. jusqu'à constater un changement de signe.
4) Appeler k l'entier compris entre 0 et 9 tel que f(a + k h) et f(a + (k +1) h) soient de signe contraire ; on a donc :
$a + k\,h \leq \alpha \leq a + (k + 1)\,h$.
5) On a obtenu un encadrement de α d'amplitude h ; s'arrêter si h est inférieur à la précision souhaitée ; sinon recommencer en 2).

BIBLIOGRAPHIE

Aftalion F., Poncet P., *Les taux d'intérêt*, PUF, 1989.

Boissonade M., *Mathématiques financières*, Armand Colin, 1993.

Bonneau P., Wiszniak M., *Mathématiques financières approfondies*, 5e édition, Dunod, 1993.

Dalbarade J.M., *Mathématiques des marchés financiers*, Editions Eska, 1990.

Husson B., Jordan H., *Le choix des investissements*, Delmas, 1988.

Jacquillat B., Solnik B., *Marchés financiers : gestion de portefeuille et des risques*, Dunod, 1990.

Masiéri W., *Mathématiques financières*, Sirey, 1989.

Navatte P., *Eléments de gestion obligataire*, Sirey, 1992.

Piermay M., Hereil O., Lazimi A., *Mathématiques financières*, Economica, 1989.

Poncet P., Portait R., Hayat S., *Mathématiques financières : évaluation des actifs et des risques*, Dalloz, 1993.

Roger P., *Les outils de la modélisation financière*, PUF, 1991.

QUIZ

1) Le 1er janvier 1994, une entreprise place 200 000 F sur un compte rémunéré au taux annuel de 10 % (taux proportionnel). De quelle somme dispose-t-elle le 31 mars 1994 ?
   a. 203000
   b. 205 000
   c. 206 667
   d. 210 000
2) Lorsque les intérêts sont payés en début de période, on dit qu'ils sont :
   a. terme échu
   b. terme à échoir
3) Un effet de commerce de 100 000 F est escompté au taux de 8 % sur une durée de 90 jours. L'escompte rationnel est :
   a. 1 315,57
   b. 1 333,33
   c. 1 960,78
   d. 2 000
4) Un investisseur place 100 000 F sur 6 ans, au taux de 7 %. La capitalisation est annuelle. Le capital détenu à la fin de la période est :
   a. 150 073
   b. 150 363
   c. 140 255
   d. 141 852
5) Quelle est la valeur actuelle d'un capital de 500 000F perçu dans 10 ans, pour un taux de 8 %, avec capitalisation annuelle ?
   a. 233 254

b. 240 000
c. 270134
d. 231 597

6) Le taux mensuel équivalent au taux annuel de 9 % est :
a. 0,75 %
b. 0,72 %
c. 0,70 %
d. 0,78 %

7) Le taux équivalent est toujours plus grand que le taux proportionnel
a. vrai
b. faux

8) Un investisseur désireux de se constituer un capital verse 20 000 F par trimestre sur un compte rémunéré au taux de 10 % annuel, pendant cinq ans. On considère un taux équivalent et la capitalisation est trimestrielle. Quel est le capital acquis à la fin de la période ?
a. 400 000
b. 488 408
c. 510 893
d. 506 647

9) Un épargnant souhaite se constituer un capital de 300 000 F en versant chaque mois 3 000 F. Combien de mensualités sont nécessaires, sachant que le taux annuel est de 6,5 % (taux équivalent) ?
a. 100
b. 85
c. 80,6
d. 82,5

10) On vous propose de choisir entre :
a. une rente perpétuelle de 50 000 F par an
b. une suite d'annuités de 80 000 F par an pendant 20 ans

Le taux annuel est de 6 %. Quel est le meilleur choix ?

11) Une entreprise contracte un emprunt d'un montant de 600 000 F remboursable in fine, dans 6 ans. Le taux annuel est de 9 %. Quel est le montant de la 3e annuité ?
a. 54 000

b. 136 000
c. 133 752
d. 154 000

12) Sur une même durée d'amortissement, le remboursement par amortissements constants permet de payer moins d'intérêts que le remboursement par annuités constantes :
a. vrai
b. faux

13) Une obligation, de nominal 5 000 F, dont le taux nominal est de 8 %, est remboursable le 1er décembre 1998. Quelle est sa valeur le 1er décembre 1994 si le taux du marché à cette date est de 5 % ?
a. 5 000
b. 4 531,89
c. 5 531,89
d. 5 349,6

14) Quel est le taux actuariel brut à l'émission d'une obligation de nominal 5 000 F émise à 4 900 F, au taux nominal de 7 %, remboursée 5 100 F dans 5 ans ?
a. 7 %
b. 7,84 %
c. 7,49 %
d. 7,39 %

15) La valeur absolue de la sensibilité d'une obligation est d'autant plus forte que sa durée de vie est courte :
a. vrai
b. faux

16) Un particulier compare deux propositions de crédit pour une somme de 400 000 F sur une durée de 10 ans, pour un remboursement par annuités constantes :
a. taux nominal 9 % frais de dossier 4 000 F
b. taux nominal 9,15 % frais de dossier 1 000 F
Quelle est la solution la plus avantageuse ? (Comparez les taux effectifs)

17) Un projet industriel exige un investissement de 200 KF et entraîne des flux de fonds de 50 KF pendant 6 ans. Si le taux d'actualisation est de 10 %, quelle est la valeur actuelle nette ?
a. 17,76
b. 217,76

c. 67,76
d. – 17,76

18) Un projet d'investissement doit être accepté si son taux interne de rentabilité est supérieur au taux d'actualisation :
a. vrai
b. faux

19) Lorsque deux projets sont en concurrence, les critères de la VAN et du TIR donnent des classements :
a. toujours identiques
b. toujours contradictoires
c. parfois différents

20) Quel est le taux interne de rentabilité du projet caractérisé par les flux suivants : – 733,55 ; 300 ; 400 ; 200 ; 500
a. 10 %
b. 20 %
c. 30 %
d. 40 %

21) Quelle est la valeur d'une action qui verse un dividende de 30 F par an, croissant de 4 % par an ? Le taux d'actualisation est de 14 %.
a. 150
b. 400
c. 250
d. 300

22) Quelle est la valeur acquise par une suite d'annuités caractérisée par un premier terme de 20 000F, une augmentation de 1 500F par an, et une durée de 8 ans ? Le taux à retenir est 10 %.
a. 156 385
b. 130 741
c. 280 256
d. 308 281

RÉPONSES :
1.b ; 2.b ; 3.c ; 4.a ; 5.d ; 6.b ; 7.b ; 8.d ; 9.c ; 10.b ; 11.a ; 12.a ; 13.c ; 14.b ; 15.b. ; 16.b ; 17.a ; 18.a ; 19.c ; 20.c ; 21.d ; 22.c.

TABLE DES MATIÈRES

STDI
Imprimé en France. - JOUVE, 18, rue Saint-Denis, 75001 PARIS
N° 223033G. - Dépôt légal : Janvier 1995